Grüne Energie der Zukunft

Der Herausgeber Dipl.-Math. **Klaus-Dieter Sedlacek**, Jahrgang 1948, studierte in Stuttgart neben Mathematik und Informatik auch Physik. Nach fünfundzwanzig Jahren Berufspraxis in der eigenen Firma widmet er sich nun seinen privaten Forschungsvorhaben und veröffentlicht die Ergebnisse in allgemein verständlicher Form. Darüber hinaus ist er der Herausgeber mehrerer Buchreihen.

Über das Buch:

Wie sieht die Energie der Zukunft aus nach dem Ende fossiler Energien? Wie weit ist die Forschung und ggf. auch die Einführung neuer Technologien um eine grundlegende Energiewende zu ermöglichen? Oder sind wir möglicherweise noch länger auf fossile Energien angewiesen? Wichtige Informationen zur Beantwortung dieser Fragen geben uns ausführliche Pressemeldungen aus erster Quelle, nämlich aus Wirtschaft und Wissenschaft.

GRÜNE ENERGIE DER ZUKUNFT

Wasserstoff, Solarzellen und Kernfusion - Pressemeldungen zum Stand der Forschung

Hrsg.

Klaus-Dieter Sedlacek

ToppBook Wissen Bd. 31

Bibliografische Information der Deutschen Nationalbibliothek:
Die Deutsche Nationalbibliothek verzeichnet diese Publikation in der
Deutschen Nationalbibliografie; detaillierte bibliografische Daten
sind im Internet über dnb.dnb.de abrufbar

Herstellung und Verlag: BoD – Books on Demand, Norderstedt

ISBN: 978-3-7562-2084-7

Inhaltsverzeichnis

10.08.2016 POLARISIERTES DEUTERIUM BRINGT KERNFUSION AUF TRAB....7

04.07.2018 IPP-TESTSTAND ELISE ERREICHT ERSTES ITER-ZIEL....................11

17.07.2018 DIAMANT – EIN UNVERZICHTBARER WERKSTOFF DER FUSIONS-TECHNOLOGIE..15

28.10.2019 STARTSCHUSS FÜR INTERNATIONALES STELLARATOR-PROJEKT 19

05.12.2019 MIT STARKEN LASERN ZUR FUSION: HZDR-WISSENSCHAFTLER WOLLEN DIE VERSCHMELZUNG VON ATOMKERNEN QUANTENMECHANISCH ANSTOSSEN..22

26.05.2020 NEUES SYSTEM FÜR FLÄCHENDECKENDE VERFÜGBARKEIT VON GRÜNEM WASSERSTOFF..27

28.05.2020 STUDIE: »GRÜNER« WASSERSTOFF ODER »GRÜNER« STROM FÜR DIE GEBÄUDEWÄRME?..31

04.09.2020 HÖHER UND SCHNELLER MIT TANDEM-PHOTOVOLTAIK 35

14.12.2020 JET BEREITET ENERGIEERZEUGENDE FUSIONSTESTS VOR........38

29.07.2021 WASSERSTOFF-ERZEUGUNG: THÜGA INVESTIERT IN PYRO-LYSE-STUDIE..42

12.08.2021 DAS KONZEPT VON WENDELSTEIN 7-X BEWÄHRT SICH............44

18.08.2021 „EIN MEILENSTEIN DER FUSIONSFORSCHUNG": LASERFUSIONS-EXPERTE MARKUS ROTH ÜBER DURCHBRUCH IN DEN USA UND PERSPEKTIVEN..47

03.12.2021 PROJEKT ALBATROS: ALUMINIUM-IONEN-BATTERIEN ALS ALTER-NATIVE SPEICHERTECHNOLOGIE FÜR STATIONÄRE ANWENDUNGEN..........50

20.12.2021 WELTWEIT ERSTES OFFSHORE-WASSERSTOFFSPEICHER-KONZEPT VON TRACTEBEL UND PARTNERN ENTWICKELT..56

06.01.2022 KERNFUSION DURCH KÜNSTLICHE BLITZE: FUSIONSPROZESSE LASSEN SICH DURCH GEPULSTE ELEKTRISCHE FELDER ANSTOSSEN............62

27.01.2022 KLIMANEUTRALE ANTRIEBE: MAMOTEC WASSERSTOFFMO-TOREN JETZT VERFÜGBAR..66

09.02.2022 FUSIONSANLAGE JET STELLT NEUEN ENERGIE-WELTREKORD AUF 69

14.04.2022 WELTREKORD IN DER SOLARZELLENFORSCHUNG....................73

19.04.2022 ELEKTRA SOLAR UND TQ SETZEN NEUE MASSSTÄBE FÜR KLIMA-NEUTRALES FLIEGEN..77

02.05.2022 REFERENZFABRIK.H2 – ELEKTROLYSEUR- UND BRENNSTOFFZEL-LENPRODUKTION DER ZUKUNFT..80

16.05.2022 ERSTER MOBILE PAYMENT-ANBIETER FÜR NACHHALTIGE TREIB-STOFFE: RYD UND H2 MOBILITY STARTEN KOOPERATION BEI WASSERSTOFFTANKSTELLEN...84

24.05.2022 FORSCHER DER GOETHE-UNIVERSITÄT ENTWICKELN NEUE BIO-BATTERIE ZUR SPEICHERUNG VON WASSERSTOFF...................................87

BUCHTIPPS...91

10.08.2016 Polarisiertes Deuterium bringt Kernfusion auf Trab

Dr.rer.nat. Arne Claussen Stabsstelle Kommunikation

Heinrich-Heine-Universität Düsseldorf

Hintergrund: Kernfusionsreaktoren als mögliche Energiequelle der Zukunft

Mit Kernfusionsreaktoren will man das Sonnenfeuer kontrolliert auf die Erde holen und damit Energie erzeugen. Das Grundprinzip von Sonne und Reaktoren ist ähnlich: Bei sehr hohen Temperaturen werden die Atomkerne des Wasserstoffs zu schwereren Elementen, hier zunächst Heliumkernen, verschmolzen. Durch die sogenannte Massendifferenz zwischen den Ausgangsprodukten und dem Endprodukt wird eine große Menge Energie frei.

Auch wenn es sich bei Fusionskraftwerken um kerntechnische Anlagen handeln wird, so haben diese gegenüber Kernspaltungsreaktoren einen entscheidenden Vorteil: Es kann zu keinen unkontrollierten Kettenreaktionen kommen, denn der Fusionsprozess stoppt sofort, sobald die künstlich hergestellten Bedingungen ausfallen. Zum anderen entstehen keine langlebigen radioaktiven Abfälle; zwar können auch Teile des Reaktors aktiviert werden, allerdings sind die Halbwertszeiten dabei so klein, dass die strahlenden Teile innerhalb weniger Jahre bis Jahrzehnte abklingen.

Man unterscheidet zwei Formen von Fusionsreaktoren: Plasmareaktoren mit Magneteinschluss und Trägheitsfusionsanlagen. Zu ersteren gehört der im französischen Cadarache in Bau befindlichen ITER (International Thermonuclear Experimental Reactor). Bei dieser Anlage soll erstmals mehr Energie erzeugt werden, als zur Herstellung der Reaktionsbedingungen verbraucht wird. Hierzu wird ein heißes, ionisiertes Gas aus den Wasserstoffisotopen Deuterium (bestehend aus einem Proton und einem Neutron) und Tritium (ein Proton, zwei Neutronen) erzeugt. Das mehrere 100 Millionen Grad Celsius heiße Plasma wird mittels starker Magnetfelder in einem großen Vakuumgefäß zusammengehalten. Bei Kollisionen bei den hohen Temperaturen überwinden die Wasserstoffkerne ihre elektrische Abstoßung und verschmelzen miteinander.

Bei Trägheitsfusionsanlagen wird eine kleine Brennstoffmenge mittels des gleichzeitigen Beschusses zum Beispiel mit Laserstrahlen erhitzt und extrem verdichtet (deutlich höher als in Plasmareaktoren). Hierdurch sollen entsprechende Bedingungen für das Zünden der Fusion entstehen.

In Deutschland gibt es unter anderem zwei große Plasma-Forschungsanlagen, die beide vom Max-Planck-Institut für Plasmaphysik betrieben werden: In Garching bei München steht der nach dem Tokamak-Prinzip arbeitende ASDEX-UPGRADE, in Greifswald der im Jahr 2015 in Betrieb genommene Wendelstein 7X, ein sogenannte Stellerator. Beide Anlagen unterscheiden sich durch die Form des einschließenden Magnetfeldes. Bis 2013 wurde darüber hinaus am Forschungszentrum Jülich das Tokamak-Experiment TEXTOR betrieben, welches – unter federführender Beteiligung Düsseldorfer Physiker – wichtige Erkenntnisse zur Wechselwirkung des heißen, eingeschlossenen Gases mit den Wänden des Vakuumgefäßes lieferte.

Pressemeldung:

10.08.2016 – Polarisiertes Deuterium kann die Reaktionsrate in zukünftigen Fusionsreaktoren deutlich verbessern. Physiker rund um Prof. Dr. Markus Büscher vom Institut für Laser- und Plasmaphysik der Heinrich-Heine-Universität Düsseldorf (HHU) werden mit Kollegen vom Forschungszentrum Jülich und dem Budker-Institut in Russland eine neue Quelle für polarisierte Deuterium-Moleküle entwickeln.

In Fusionsexperimenten sollen die Atomkerne der Wasserstoffvarianten (Isotope) Deuterium und Tritium zu Heliumkernen verschmolzen werden, um dabei große Mengen Energie zu gewinnen. Diese Fusion findet nur unter extremen Bedingungen statt, die nur unter größtem Aufwand erzeugt werden können.

Physiker aus Düsseldorf, Jülich und vom russischen Budker-Institut – einem international bekannten Beschleunigerzentrum in Novosibirsk – wollen gemeinsam eine Anlage entwickeln, mit der die Wahrscheinlichkeit und damit die Reaktionsrate für diese Fusionsprozesse deutlich erhöht werden kann: Sie wollen in den nächsten Jahren eine Strahlquelle für kernspinpolarisierte Deuterium-Moleküle aufbauen.

Kernspinpolarisiertes Deuterium

Jeder Atomkern hat einen sogenannten Spin, der bei jedem Isotop zwar die gleiche Größe hat, aber – vereinfacht gesprochen – in unterschiedliche Richtungen weist. Bei „spinpolarisierten" Kernen weisen diese Spins alle in dieselbe Richtung. Solchermaßen ausgewählte Kerne sind für Fusionsexperimente besonders interessant, da mit ihnen die Verschmelzungsrate deutlich – um rund 50 Prozent – erhöht werden kann. Damit steigt die Energieausbeute erheblich. Darüber hinaus haben Fusionsreaktionen spinpolarisierter Kerne eine besondere räumliche Charakteristik, die für den Bau von Reaktoren genutzt werden kann.

Neue Deuteriumstrahlquelle

Die Physiker wollen konkret polarisierte Deuterium-Moleküle gewinnen, die als verbesserter Treibstoff in der Kernfusion genutzt werden können. Dabei gehen sie einen neuen Weg: Statt polarisierte Deuteriummoleküle aus zwei polarisierten Deuteriumatomen herzustellen, die ihrerseits aus einer polari-sierten Atomquelle kommen müssen, starten sie direkt mit unpolarisiertem Deuteriumgas. Durchläuft ein Strahl unpolarisierter Deuteriummoleküle ein Magnetfeld, wird er entsprechend der Spineinstellung räumlich aufgespalten, so dass Moleküle mit dem gewünschten Spin direkt abgegriffen werden können. Im geplanten Experiment wählt man eine Magnetfeldanordnung, bei der Moleküle der gewünschten Polarisationsrichtung gebündelt werden, während andere Polarisationsrichtungen gestreut werden. Dieser Ansatz vereinfacht den Aufbau, erhöht die Effizienz der Trennung und damit den erzielbaren Teilchenfluss.

Die Expertise beim Aufbau der Trennapparatur, die mit supraleitenden Magneten arbeitet, liegt bei den russischen Projektpartnern am Budker-Institut. In Jülich wird ein spezielles „Lamb-Shift-Polarimeter" aufgebaut, mit dem sich die Kernpolarisation sehr genau messen lässt, um die Quelle im Hinblick auf hohe Polarisationsausbeute zu optimieren. Weltweit wird es das fünfte Gerät seiner Art sein, wobei das Forschungszentrum Jülich allein vier der Geräte gebaut hat und somit weltweit führend in dieser Technologie ist. An der Heinrich-Heine-Universität Düsseldorf wird die Quelle schließlich in Laserexperimenten eingesetzt.

Zunächst soll gezeigt werden, dass der gewählte Ansatz funktioniert und dass der Aufbau in der Lage ist, polarisierte Wasserstoff- und später Deuterium-Molekülstrahlen mit einem hohen Fluss zu erzeugen. „Im Endeffekt wollen wir die Quelle für Laser-Fusionsexperimente einsetzen", so Prof. Dr. Markus Büscher vom Institut für Laser- und Plasmaphysik der Heinrich-Heine-Universität Düsseldorf. „Diese Messungen wollen wir am Düsseldorfer Hochleistungslaser ARCTURUS oder auch am PHELIX-Laser an der GSI in Darmstadt machen", so Büscher weiter.

Kontakt Prof. Dr. Markus Büscher

Institut für Laser- und Plasmaphysik der HHU

Tel.: 0211 – 81 14960

E-Mail: markus.buescher@hhu.de

Peter Grünberg Institut

Forschungszentrum Jülich

Tel.: 02461 – 61 6669

E-Mail: m.buescher@fz-juelich.de

04.07.2018 IPP-Teststand ELISE erreicht erstes ITER-Ziel

Abbildung 1: Eines der Beschleunigungsgitter, die in der Ionenquelle ELISE die Wasserstoff-Ionen auf Geschwindigkeit bringen. Durch 640 kleine Löcher wird der Teilchenstrahl in Einzelstrahlen herausgezogen..(Abbildung: IPP)

Isabella Milch Öffentlichkeitsarbeit

Max-Planck-Institut für Plasmaphysik

Neutralteilchenheizung für ITER / Strahl schneller Wasserstoff-Teilchen für die Plasmaheizung

Der Heizstrahl im Teststand ELISE des Max-Planck-Instituts für Plasmaphysik (IPP) in Garching bei München hat die ITER-Werte erreicht: Erzeugt wurde für 1000 Sekunden ein Teilchenstrahl aus negativ geladenen Wasserstoff-Ionen in der für ITER gewünschten Stromstärke von 23 Ampere.

Mit ELISE wird eine der Heizmethoden vorbereitet, die das Plasma des internationalen Fusionstestreaktors ITER auf viele Millionen Grad bringen sollen. Kernstück ist eine im IPP entwickelte neuartige Hochfrequenz-Ionenquelle, die den energiereichen Teilchenstrahl erzeugt.

Der internationale Testreaktor ITER (lat.: der Weg), der zurzeit in weltweiter Zusammenarbeit in Frankreich aufgebaut wird, soll zeigen, dass ein Energie lieferndes Fusionsfeuer möglich ist. Ähnlich wie die Sonne soll ein künftiges Fusionskraftwerk aus der Verschmelzung von Atomkernen Energie gewinnen. Der Brennstoff – ein Wasserstoffplasma – muss dazu berührungsfrei in einem Magnetfeldkäfig eingeschlossen und auf Zündtemperaturen über 100 Millionen Grad aufgeheizt werden. 500 Megawatt Fusionsleistung soll ITER erzeugen – zehnmal mehr, als zuvor zur Heizung des Plasmas aufgewendet wurde.

Diese Plasmaheizung wird etwa zur Hälfte die „Neutralteilchen-Heizung" übernehmen: Schnelle Wasserstoffatome, die durch den Magnetfeldkäfig hindurch in das Plasma hineingeschossen werden, geben über Stöße ihre Energie an die Plasmateilchen ab. Dazu erzeugt eine Ionenquelle aus Wasserstoff-Gas geladene Wasserstoff-Ionen, die durch hohe Spannung beschleunigt und anschließend wieder neutralisiert werden, um – als schnelle Wasserstoff-Atome – ungehindert durch den Magnetfeldkäfig in das Plasma eindringen zu können.

Auf diese Weise bringen heutige Heizungen, zum Beispiel an der IPP-Fusionsanlage ASDEX Upgrade in Garching, das Plasma per Knopfdruck auf ein Mehrfaches der Sonnentemperatur. Die Großanlage ITER stellt jedoch erhöhte Anforderungen: So müssen die Teilchenstrahlen viel dicker und die einzelnen Teilchen viel schneller sein als bisher, damit sie tief genug in das voluminöse ITER-Plasma eindringen können: Zwei Teilchenstrahlen mit etwa türgroßem Querschnitt sollen 16,5 Megawatt Heizleistung in das ITER-Plasma einspeisen. Die in heutigen Fusionsanlagen genutzten Teilchenstrahlen, die mit etwa tellergroßem Querschnitt und wesentlich kleinerer Geschwindigkeit auskommen, wird ITER damit weit hinter sich lassen.

Anstelle der bisher zur Beschleunigung genutzten elektrisch positiv geladenen Ionen – die sich bei hohen Energien nicht mehr effektiv neutralisieren lassen – müssen für ITER daher negativ geladene Ionen verwendet werden, die extrem fragil sind. Eine dazu im IPP entwickelte Hochfrequenz-Ionenquelle wurde als Prototyp in den ITER-Entwurf aufgenommen. Auch der Auftrag zur Weiterentwicklung und Anpassung an die ITER-Anforderungen ging Ende 2012 an das IPP.

An dem Teststand ELISE (Extraction from a Large Ion Source Experiment) wird eine Quelle untersucht, die halb so groß ist wie eine spätere ITER-Quelle. Sie erzeugt einen Ionenstrahl von rund einem Quadratmeter Querschnittsfläche. Mit dem gewachsenen Format mussten die bisherigen technischen Lösungen für das Heizverfahren überarbeitet werden (siehe PI 2/2015). Schritt für Schritt ist ELISE in neue Größenordnungen vorgedrungen. „Den von ITER gewünschten, rund 23 Ampere starken Teilchenstrahl aus negativ geladenen Wasserstoff-Ionen konnten wir nun erzeugen, stabil, homogen und 1000 Sekunden andauernd", sagt Professor Dr. Ursel Fantz, Leiterin des Bereichs ITER-Technologie und -Diagnostik im IPP: „Auch der Gasdruck in der Quelle und die Menge der zurückgehaltenen Elektronen entsprachen den ITER-Vorgaben". Nur die von ITER verlangte Stromdichte des Ionenstrahls wurde nicht ganz erreicht, was an der begrenzten Leistungsfähigkeit der zur Verfügung stehenden Hochspannungsversorgung liegt.

Wie geht es weiter?

Nachdem ELISE die von ITER geforderte Stromstärke mit normalem Wasserstoff jetzt erreicht hat, will man nun Teil zwei der Aufgabe in Angriff nehmen und Ionen-Strahlen aus der schweren Wasserstoff-Variante Deuterium erzeugen – dies allerdings nicht für 1000 Sekunden, sondern für eine Stunde. Das System in Originalgröße wird das italienische Fusionsinstitut der ENEA in Padua untersuchen und dabei mit dem IPP zusammenarbeiten. Die Testanlage SPIDER (Source for Production of Ion of Deuterium Extracted from Radio Frequency Plasma) ging Anfang Juni in Padua in Betrieb. Ihre

Zieldaten: einstündige Pulse mit vollem ITER-Strahlquerschnitt und 6 Megawatt Leistung in Wasserstoff und Deuterium.

Weitere Informationen:

http://www.ipp.mpg.de/de/aktuelles/presse/pi/2018/05_18

17.07.2018 Diamant – ein unverzichtbarer Werkstoff der Fusionstechnologie

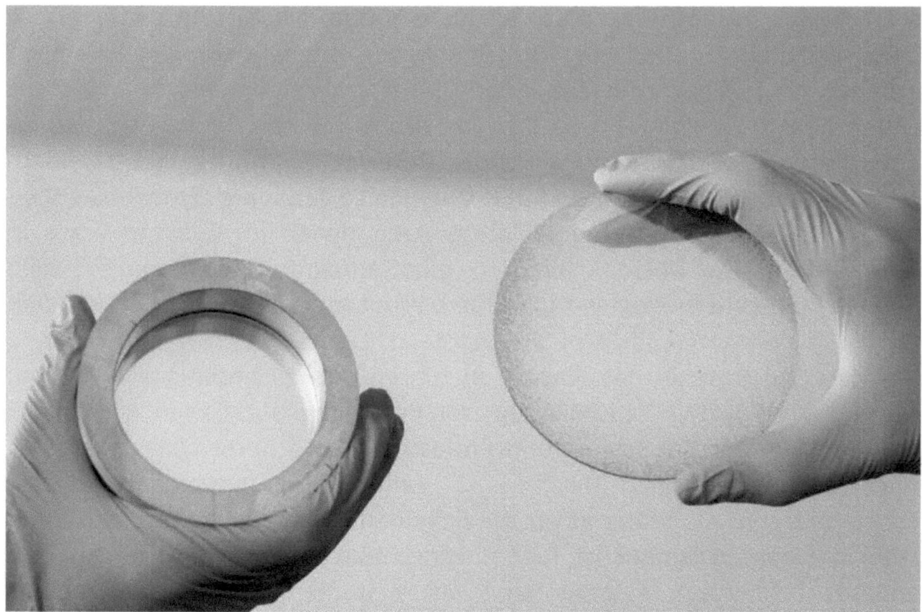

Abbildung 2: Polykristalline CVD-Diamantscheiben für Fensteranlagen in Fusionsreaktoren und Gyrotrons. Foto: Tanja Meißner, KIT

Monika Landgraf Strategische Entwicklung und Kommunikation - Gesamtkommunikation

Karlsruher Institut für Technologie

Klimafreundliche und fast unbegrenzte Energie aus dem Fusionskraftwerk – für dieses Ziel kooperieren Wissenschaftlerinnen und Wissenschaftler weltweit. Bislang noch wenig beachtet ist dabei die Arbeit mit dem Werkstoff Diamant, der für die Fusionstechnologie unverzichtbar ist. Forscherinnen und Forscher des Karlsruher Instituts für Technologie (KIT) entwickeln Scheiben aus Diamant für Fensteranlagen, durch die das Plasma in Fusionsreaktoren erhitzt wird. Gemeinsam mit dem Unternehmen Diamond

Materials haben sie nun eine Diamantscheibe mit einem Durchmesser von 180 Millimetern gefertigt.

Die Sonne macht es vor: In ihrem Feuer verschmelzen Wasserstoffatome zu Helium und bei dieser Kernfusion werden riesige Mengen Energie freigesetzt. In Fusionskraftwerken auf der Erde könnte dieses „Sternenfeuer" zu einer nachhaltigen und sicheren Energieversorgung beitragen. Weltweit arbeiten heute Fusionsforscherinnen und -forscher gemeinsam daran, die ersten Reaktoren ans Netz zu bringen. Am KIT werden beispielsweise für den internationalen Forschungsreaktor ITER und auch für kleinere Reaktoren, wie Wendelstein 7X und ASDEX Upgrade so genannte Gyrotrons entwickelt. Das sind Mikrowellenoszillatoren, mit denen im Reaktor – wie in einem sehr großen Mikrowellenofen – eine Temperatur von bis zu 150 Millionen Grad Celsius erzeugt wird. Dadurch erreicht der Brennstoff Tritium den für die Fusion notwendigen Plasmazustand. Um die Mikrowellenstrahlung aus den Gyrotrons in das Plasma zu führen und gleichzeitig ein Vakuum sowie das radioaktive Tritium im Inneren des Reaktors zu halten, konstruiert ein Team um Dr. Dirk Strauss und Professor Theo Scherer vom Institut für Angewandte Materialien (IAM) des KIT außerdem die passenden Reaktor-Fensteranlagen. Als Material für die Scheiben kommt dabei nur ein Werkstoff in Frage: „Diamant ist hier unverzichtbar", sagt Dirk Strauss. „Kein anderes bekanntes Material kann der extremen Mikrowellenstrahlung standhalten und besitzt gleichzeitig die notwendige Durchlässigkeit mit geringen Verlusten."

Um Strahlung mit einer Leistung von über einem Megawatt in den Forschungsreaktor ITER zu leiten, wurden am IAM bereits eine Vielzahl Diamantfenster konzipiert und in Kooperation mit Industriepartnern hergestellt. Inzwischen arbeiten sie auch an den Fensteranlagen für den ITER-Nachfolgereaktor DEMO, mit dem ab etwa 2050 tatsächlich Strom produziert werden kann. Bei dieser Anlage werden durch einen geplanten Mehrfrequenzbetrieb der Mikrowellenheizung neuartige Gyrotrons notwendig, die zurzeit von der Forschungsgruppe um Professor John Jelonnek am Institut für Hochleistungsimpuls- und Mikrowellentechnik des KIT entwickelt werden. Diese neuen Gyrotrons erfordern wiederum neue Fensteranlagen mit größeren Diamantscheiben. Ein entsprechender Prototyp liegt nun vor: „Unsere Scheibe hat einen Durchmesser von 180 Millimetern und ist bis zu zwei Millimeter dick", sagt Theo Scherer. „Damit ist sie die größte syntheti-sche Diamantstruktur, die bisher einsetzbar gefertigt wurde." Nun werden am IAM die Oberflächenstruktur sowie die Hochfrequenzcharakteristik in Bezug auf Mikrowellenverluste des Fensters geprüft.

Das Herstellen der Scheiben aus synthetischem Diamant erfolgt durch chemische Gasphasenabscheidung (chemical vapor deposition, CVD), einem speziellen Beschichtungsverfahren. Die CVD-Diamanten wachsen dabei auf einer Siliziumoberfläche in einem kleinen Vakuumreaktor, der mit einem Gasgemisch befüllt ist. Aus diesem wird – ähnlich wie im Fusionsreaktor, allerding unter viel geringerem Energieeinsatz – mittels Mikrowellen-bestrahlung ein Plasma erzeugt. Dieses besteht aus atomarem Wasserstoff, der eine unerwünschte Graphitbildung verhindert sowie einer geringen Menge Methan, das den Kohlenstoff für den Diamanten liefert. „Es ist ein langwieriger und komplexer Prozess", sagt Dirk Strauss. „Das Diamantfenster wächst dabei nur wenige Mikrometer in einer Stunde." Entsprechend teuer sei auch das Endprodukt. Die Herstellung jeder Diamantscheibe für den DEMO-Reaktor erfordere einen sechsstelligen Eurobetrag, berichtet Strauss.

Mit der neuen Diamantscheibe seien die Möglichkeiten des Werkstoffs Diamant für die Fusionstechnologie noch nicht ausgeschöpft. Bislang wur-den die Diamantscheiben am IAM mit einer polykristallinen Struktur konzi-piert, sie bestehen also aus einer Vielzahl winziger Diamanten. „Zurzeit arbeiten wir an der Entwicklung von einkristallinen Diamantscheiben", sagt Theo Scherer. „Das könnte zu einer weiteren Verringerung der Mikrowellen-verluste während der Transmission beitragen."

Weiterer Kontakt:

Dr. Martin Heidelberger, Redakteur/Pressereferent, Tel.: +49 721 608-21169, E-Mail: martin.heidelberger@kit.edu

Details zum KIT-Zentrum Energie: http://www.energie.kit.edu

Als „Die Forschungsuniversität in der Helmholtz-Gemeinschaft" schafft und vermittelt das KIT Wissen für Gesellschaft und Umwelt. Ziel ist es, zu den globalen Herausforderungen maßgebliche Beiträge in den Feldern Ener-gie, Mobilität und Information zu leisten. Dazu arbeiten rund 9 300 Mitarbeiterinnen und Mitarbeiter auf einer breiten disziplinären Basis in Natur-, Ingenieur-, Wirtschafts- sowie Geistes- und Sozialwissenschaften zusammen. Seine 25 500 Studierenden bereitet das KIT durch ein forschungsorientiertes universitäres Studium auf verantwortungsvolle Aufgaben in Gesellschaft, Wirtschaft und Wissenschaft vor. Die Innovationstätigkeit am KIT schlägt die Brücke zwischen Erkenntnis und Anwendung zum gesellschaftlichen Nutzen, wirtschaftlichen Wohlstand und Erhalt unserer natürlichen Lebensgrundlagen.

Diese Presseinformation ist im Internet abrufbar unter: http://www.-sek.kit.edu/presse.php

Wissenschaftliche Ansprechpartner:

martin.heidelberger@kit.edu

http://www.energie.kit.edu

http://www.sek.kit.edu/presse.php

28.10.2019 Startschuss für internationales Stellarator-Projekt

Abbildung 3: Der Stellarator Wendelstein 7-X in Greifswald(Foto: IPP, Volker Steger)

Hintergrund:

Ziel der Fusionsforschung ist es, ein klima- und umweltfreundliches Kraftwerk zu entwickeln. Ähnlich wie die Sonne soll es aus der Verschmelzung von Atomkernen Energie gewinnen. Weil das Fusionsfeuer erst bei Temperaturen über 100 Millionen Grad zündet, darf der Brennstoff – ein dünnes Wasserstoffplasma – nicht in Kontakt mit den kalten Gefäßwänden kommen. Von Magnetfeldern gehalten, schwebt er nahezu berührungsfrei im Inneren einer Vakuumkammer. Die Experimentieranlage Wendelstein 7-X in

Greifswald soll die Kraftwerkstauglichkeit von Fusionsanlagen des Typs Stellarator demonstrieren.

Pressemeldung:

Isabella Milch Öffentlichkeitsarbeit

Max-Planck-Institut für Plasmaphysik

Deutsch-amerikanisches Gemeinschaftsprojekt / Förderung durch Helmholtz-Gemeinschaft

Ein gemeinsames Forschungsprojekt zur Untersuchung der Leistungsauskopplung aus einem heißen Stellarator-Plasma haben das Max-Planck-Institut für Plasmaphysik (IPP) in Greifswald und die US-amerikanische Universität von Wisconsin-Madison gegründet. Das „Helmholtz International Lab for Optimized Advanced Divertors in Stellarators" (HILOADS), an dem sich auch das Forschungszentrum Jülich sowie die Auburn-Universität in Alabama beteiligen, wird von der Helmholtz-Gemeinschaft Deutscher Forschungszentren finanziell unterstützt.

Fusionsanlagen vom Typ Stellarator versprechen Hochleistungsplasmen im Dauerbetrieb. Entsprechend dauerhaft belasten Wärme und Teilchen aus dem heißen Plasma die Gefäßwände. Es ist die Aufgabe des sogenannten Divertors – ein System speziell ausgerüsteter Prallplatten, auf welche die Teilchen aus dem Rand des Plasmas magnetisch hingelenkt werden – die Wechselwirkung zwischen Plasma und Wand zu regulieren. Von der Struktur des magnetischen Feldes und der Materialwahl für die Platten hängt es ab, wie gut der Divertor diese Aufgabe erfüllen und zugleich das Plasmas gut wärmeisoliert eingeschlossen werden kann. Der Divertor-Entwurf für neue Stellaratoren ist daher sowohl plasmaphysikalisch als auch technisch höchst anspruchsvoll und setzt umfangreiche experimentelle und theoretische Untersuchungen voraus.

Zu diesem Zweck haben das IPP in Greifswald und die Universität von Wisconsin-Madison nun das „Helmholtz International Lab for Optimized

Advanced Divertors in Stellarators" (kurz HILOADS) gegründet. HILOADS bietet den Rahmen, mit der Universität von Wisconsin in Madison als zentraler Einrichtung die bisherige erfolgreiche Zusammenarbeit mit dem IPP in Greifswald, dem Forschungszentrum Jülich und weiteren US-amerikanischen Universitäten zu vertiefen. Die beteiligten Wissenschaftler werden Divertor-Entwürfe, Materialien und Plasmaeinschluss optimierend aufeinander abstimmen.

Für die dazu nötigen Experimente stehen sowohl Wendelstein 7-X in Greifswald, der weltweit größte Stellarator, zur Verfügung als auch der deutlich kleinere, aber sehr flexible HSX (Helical Symmetric Experiment) in Madison. Die Anlagen unterscheiden sich nicht nur größenmäßig, sondern auch in ihren völlig andersartigen Konzepten für den Divertor und für die Optimierung des Plasma-Einschlusses. Hinzu kommt die kleine Kompaktanlage CTH (Compact Toroidal Hybrid) in Auburn. Neben diesen drei Stellaratoren werden für Untersuchungen zu Materialien und Wandkonditionierung sowie für die Entwicklung von Messapparaturen zwei lineare Plasmaanlagen eingesetzt: PSI-2 in Jülich und MARIA in Madison. So ausgerüstet, soll HILOADS die Entwicklung der nächsten Generation optimierter Stellaratoren befördern und insbesondere die Konzeptfindung für ein neues mittelgroßes Stellarator-Experiment in Madison unterstützen.

Mit dem Förderprogramm der ‚Helmholtz International Labs' will die Helmholtz-Gemeinschaft, der das IPP als assoziiertes Institut angeschlossen ist, die internationale Zusammenarbeit mit exzellenten Forschungseinrichtungen ausbauen und sichtbare Forschungsaktivitäten der Gemeinschaft an Standorten im Ausland schaffen. Von den für HILOADS insgesamt veranschlagten 6,125 Millionen Euro übernimmt die Helmholtz-Gemeinschaft in den kommenden fünf Jahren 24 Prozent. 35 bzw. 15 Prozent tragen die Universitäten in Madison und Auburn, 18 bzw. 8 Prozent das IPP bzw. das Forschungszentrum Jülich. HILOADS soll im Frühjahr 2020 beginnen.

Weitere Informationen:

https://www.ipp.mpg.de/de/aktuelles/presse/pi/2019/08_19

05.12.2019 Mit starken Lasern zur Fusion: HZDR-Wissenschaftler wollen die Verschmelzung von Atomkernen quantenmechanisch anstoßen

Abbildung 4: Beschleunigertunnel am European XFEL. DESY

Simon Schmitt Kommunikation und Medien

Helmholtz-Zentrum Dresden-Rossendorf

Kernphysik ist üblicherweise die Domäne hoher Energien. Das wird zum Beispiel in den Versuchen zur Beherrschung der kontrollierten Kernfusion sichtbar. Ein Problem stellt die Überwindung der starken elektrischen Abstoßung zwischen den zu verschmelzenden Atomkernen dar, die hohe Energien erfordert. Fusionen könnten jedoch schon bei niedrigeren Energien in Gang kommen: mit Energien und elektromagnetischen Feldern, wie sie beispielsweise modernste Freie-Elektronen-Laser mit Röntgenlicht zur Verfügung stellen. Das zeigen Wissenschaftler des Helmholtz-Zentrums Dresden-Rossendorf (HZDR) in der Fachzeitschrift Physical Review C.

Bei der Kernfusion verschmelzen zwei Atomkerne zu einem neuen Kern. Im Labor gelingt das zum Beispiel mit Teilchenbeschleunigern, wenn Forscher Fusionsreaktionen zur Bildung schneller freier Neutronen für weiterführende Experimente nutzen. In weit größerem Maßstab soll die kontrollierte Fusion leichter Kerne Anwendung in der Energieerzeugung finden. Vorbild ist die Sonne: Deren Energie speist sich aus einer Reihe von im Innern ablaufenden Fusionsreaktionen.

Seit vielen Jahren arbeiten Wissenschaftler an Konzepten, mit denen sich aus der Fusionsenergie Strom erzeugen ließe. „Zum einen ist es die Aussicht auf eine praktisch unerschöpfliche Energiequelle. Zum anderen sind es die vielen noch vorhandenen, technologischen Hürden, zu deren Meisterung wir mit unserer Arbeit einen Beitrag leisten wollen", beschreibt Prof. Ralf Schützhold, Direktor der Abteilung für Theoretische Physik am HZDR, die Motivation seiner Forschung.

Tunneln auf hohem, aber demnächst zugänglichem Niveau

Um eine Kernfusion auszulösen, müssen die starken elektrischen Abstoßungskräfte der miteinander zu verschmelzenden, gleichartig geladenen Atomkerne überwunden werden. Dazu sind normalerweise hohe Energien notwendig. Doch es gibt noch einen weiteren Weg, erläutert Dr. Friedemann Queißer, Co-Autor der Studie: „Reicht die verfügbare Energie nicht aus, kann die Fusion auch durch Tunneln ermöglicht werden, einen quantenmechanischen Prozess. Dabei wird die von der Kernabstoßung verursachte Energiebarriere bei niedrigeren Energien durchtunnelt."

Der Vorgang ist kein theoretisches Konstrukt, sondern Realität: So reichen die im Sonnenkern anzutreffenden Temperaturen und Druckverhältnisse nicht aus, um die Energiebarriere für eine Fusion von Wasserstoffkernen zu überwinden. Die Fusion findet trotzdem statt: Die vorherrschenden

Bedingungen gestatten, über eine genügende Zahl von Tunnelprozessen die Fusionsreaktion aufrecht zu erhalten.

In ihrer aktuellen Arbeit untersuchten die HZDR-Wissenschaftler, ob die Unterstützung von Tunnelprozessen mittels Strahlung eine kontrollierte Fusion erleichtern kann. Doch auch das ist eine Frage der Energie: Je niedriger sie ist, desto unwahrscheinlicher wird das Tunneln. So war die Leistung herkömmlicher Laserstrahlung für das Auslösen solcher Prozesse bislang zu gering.

XFEL und Elektronenstrahlen zur Unterstützung von Fusionsreaktionen

Das könnte sich bald ändern: Mit Freie-Elektronen-Lasern mit Röntgenlicht (XFEL, X-Ray Free-Electron Laser) lassen sich bereits Leistungsdichten in einer Größenordnung von 10^{20} Watt pro Quadratzentimeter erreichen. Das entspricht in etwa dem Tausendfachen der auf die Erde einstrahlenden Leistung unserer Sonne, gebündelt auf die Fläche einer 1-Eurocent-Münze. „Damit stoßen wir in Bereiche vor, die eine Unterstützung solcher Tunnelprozesse mit starken Röntgenlasern möglich erscheinen lassen", so Schützhold.

Die Idee: Das die Abstoßung der Kerne verursachende, starke elektrische Feld wird mit einem schwächeren, sich aber schnell ändernden elektromagnetischen Feld überlagert, wie es mit Hilfe eines XFEL erzeugt werden kann. Die Dresdner Wissenschaftler haben das anhand der Fusion der Wasserstoff-Isotope Deuterium und Tritium theoretisch untersucht. Diese Reaktion gilt heute als eine der aussichtsreichsten, wenn es um erfolgversprechende Konzepte für künftige Fusionskraftwerke geht. Die Ergebnisse zeigen, dass sich auf diesem Wege die Tunnelrate erhöhen lässt; eine ausreichende Zahl ausgelöster Tunnelprozesse könnte schließlich eine erfolgreiche und kontrollierte Fusionsreaktion ermöglichen.

Einige wenige Lasersysteme mit entsprechendem Potenzial gehören heute zu den Flaggschiffen von Großforschungsanlagen weltweit, wie etwa in Japan und den USA - oder in Deutschland, wo mit dem Röntgenlaser European XFEL der weltstärkste Laser seiner Art steht. An der dortigen

Helmholtz International Beamline for Extreme Fields (HIBEF) sind Experimente mit einzigartigen ultrakurzen und extrem lichtstarken Röntgenblitzen geplant. HIBEF wird derzeit vom HZDR aufgebaut.

Als nächstes wollen die Dresdner Starkfeld-Physiker noch tiefer in die Theorie eintauchen, um auch andere Fusionsreaktionen besser verstehen und deren Potenzial für mittels Strahlung unterstützte Tunnelprozesse abschätzen zu können. Solche wurden bereits bei Laborsystemen, wie Quantenpunkten in der Festkörper-Physik oder Bose-Einstein-Kondensaten, beobachtet, doch im Falle der Kernfusion steht der experimentelle Nachweis noch aus. Perspektivisch halten die Autoren der Studie auch andere Strahlungsquellen zur Unterstützung von Tunnelprozessen für möglich. Zu Elektronenstrahlen liegen bereits erste theoretische Ergebnisse vor.

Publikation:

F. Queisser, R. Schützhold: Dynamically assisted nuclear fusion, Physical Review C, 2019 (DOI: 10.1103/PhysRevC.100.041601)

Weitere Informationen:

Prof. Ralf Schützhold

Direktor der Abteilung für Theoretische Physik am HZDR

Tel.: +49 351 260-3618 | E-Mail: r.schuetzhold@hzdr.de

Medienkontakt:

Simon Schmitt | Wissenschaftsredakteur

Tel.: +49 351 260-3400 | E-Mail: s.schmitt@hzdr.de

Helmholtz-Zentrum Dresden-Rossendorf (HZDR)

Bautzner Landstr. 400, 01328 Dresden | www.hzdr.de

Wissenschaftliche Ansprechpartner:

Prof. Ralf Schützhold

Direktor der Abteilung für Theoretische Physik am HZDR

Tel.: +49 351 260-3618 | E-Mail: r.schuetzhold@hzdr.de

Originalpublikation:

F. Queisser, R. Schützhold: Dynamically assisted nuclear fusion, Physical Review C, 2019 (DOI: 10.1103/PhysRevC.100.041601)

Weitere Informationen:

https://www.hzdr.de/presse/laser_fusion

26.05.2020 Neues System für flächendeckende Verfügbarkeit von grünem Wasserstoff

Abbildung 5: Das Innenleben des OSOD-Prototypen. Beim blauen Quader handelt es sich um die Kernentwicklung des Systems: ein Gasofen mit vier Rohrreaktoren, in denen der Chemcial-Looping-Prozess zur Wasserstoffproduktion abläuft. © RGH2

Mag. Christoph Pelzl, MSc *Kommunikation und Marketing*

Technische Universität Graz

Wasserstoff-Forschende der TU Graz haben gemeinsam mit dem Grazer Start-Up Rouge H2 Engineering ein kostengünstiges Verfahren zur dezentralen Erzeugung von hochreinem Wasserstoff entwickelt.

Als alternative Antriebstechnologie im Verkehrssektor spielt Wasserstoff bei der Energiewende eine bedeutende Rolle. Derzeit ist er aber noch nicht massentauglich: Wasserstoff wird überwiegend zentral aus fossilen Rohstoffen erzeugt und in einem teuren sowie energieintensiven Prozess komprimiert oder verflüssigt, um ihn anschließend an Tankstellen liefern zu können. Dort braucht es teure Infrastruktur mit hohen Investitionskosten, um große Mengen an Wasserstoff zu speichern.

Forschungserfolg wurde in die Anwendung gebracht

Die Arbeitsgruppe Brennstoffzellen und Wasserstoffsysteme am Institut für Chemische Verfahrenstechnik und Umwelttechnik der TU Graz – eine der international führenden Gruppen auf dem Gebiet der Wasserstoffforschung – hat deshalb nach Möglichkeiten gesucht, die Wasserstoffproduktion attraktiver zu machen. Im Rahmen des Forschungsprojektes HyStORM (Hydrogen Storage via Oxidation and Reduction of Metals) entwickelte das Team rund um Arbeitsgruppenleiter Viktor Hacker eine sogenannte „Chemical-Looping Hydrogen-Methode", ein neues nachhaltiges und innovatives Verfahren zur dezentralen und klimaneutralen Wasserstofferzeugung. Dieser mehrfach ausgezeichnete Forschungserfolg mündete in einem kompakten und platzsparenden On-Site-On-Demand-System (OSOD) für Tankstellen und Energieanlagen, das vom Grazer Start-Up Rouge H2 Engineering entwickelt und vertrieben wird. Dieses System soll zukünftig ein wichtiger Puzzlestein auf dem Weg zur flächendeckenden Verfügbarkeit von nachhaltigem Wasserstoff werden.

Funktionsweise des OSOD-Systems

OSOD ist ein Wasserstoffgenerator mit integrierter Speichervorrichtung in einem System. Die Wasserstofferzeugung erfolgt durch die Umwandlung von Biogas, Biomasse oder Erdgas zu einem Synthesegas. Die darin enthaltene Energie wird dann mithilfe eines Redox-Verfahrens (Reduktions-Oxidations-Verfahrens) in einem Metalloxid gespeichert, das vollkommen verlustfrei gelagert und gefahrlos transportiert werden kann. Die anschließende bedarfsorientierte Produktion des Wasserstoffs erfolgt durch die Zufuhr von Wasser in das System. Das eisenbasierte Material wird mit Dampf beschickt und hochreiner Wasserstoff wird freigesetzt.

Flexible Skalierbarkeit

Dieser Prozess macht das System auch für kleinere Anwendungen interessant, wie TU Graz-Wasserstoff-Forscher Sebastian Bock erklärt: „Derzeitige konventionelle Verfahren zur Wasserstofferzeugung aus Biogas oder vergaster Biomasse benötigen aufwendige und kostenintensive Gasreinigungsverfahren wie beispielsweise die Druckwechsel-Adsorption – ein Trennverfahren, bei dem der Wasserstoff in mehreren Schritten aus dem Gasgemisch isoliert wird. Das funktioniert in großem Maßstab sehr gut, ist aber schlecht auf kleinere, dezentrale Anlagen skalierbar. Unser Verfahren erzeugt durch den Redox-Zyklus auf Wasserdampfbasis aber ohnehin nur hochreinen Wasserstoff – es ist also gar kein Gasreinigungsschritt mehr notwendig."

Deshalb ist das OSOD-System beliebig skalierbar und eignet sich insbesondere für dezentrale Anwendungen mit geringen Einspeisungsraten in Labors sowie für kleinere industrielle Systeme, aber auch für größere Einheiten wie Wasserstofftankstellen oder Biogasanlagen zur Wasserstofferzeugung.

Bedarfsorientierte Flexibilität

Neben der Bereitstellung hochreinen Wasserstoffs verweist Gernot Voitic, Lead Project Manager R&D bei Rouge H2 Engineering, außerdem auf einen weiteren Vorteil der neuen Technologie: „Das OSOD-System kann bei geringer Nachfrage in den Standby-Modus wechseln und die Wasserstoffproduktion jederzeit bei Bedarf wieder aufnehmen. Diese bedarfsorientierte Freisetzung und der integrierte Speicher sind der USP des OSOD-H2-Generators, der sich dadurch von anderen ähnlichen Produkten abhebt."

Rouge H2 Engineering und die TU Graz-Forschenden fokussieren sich bereits auf den nächsten Schritt: Derzeit wird das System im industriellen Maßstab noch mit Erdgas betrieben. Die Gruppe möchte es nun auch für Biogas, Biomasse und andere regional verfügbare Rohstoffe nutzbar machen. Biogasanlagen beispielsweise könnten damit zukünftig noch konkurrenzfähiger werden und statt Strom zusätzlich auch grünen Wasserstoff produzieren, der für nachhaltige Mobilitätskonzepte genutzt wird.

Das Forschungsprojekt HyStORM ist an der TU Graz im Field of Expertise „Mobility & Production" (https://www.tugraz.at/forschung/forschungs-schwerpunkte-5-fields-of-expertise/mob...) verankert, einem von fünf strategischen Forschungsschwerpunkten der Universität.

Wissenschaftliche Ansprechpartner:

Kontakt TU Graz | Institut für Chemische Verfahrenstechnik und Umwelttechnik:

Viktor HACKER

Assoc.Prof. Dipl.-Ing. Dr.techn.

Tel.: +43 316 873 8780

viktor.hacker@tugraz.at

Sebastian BOCK

Dipl.-Ing. Dr.techn. BSc

Tel.: +43 316 873 4984

sebastian.bock@tugraz.at

Kontakt Rouge H2 Engineering:

DI Dr. Gernot Voitic

tel.: +43 316 37 50 07

gernot@rgh2.com

Weitere Informationen:

https://www.tugraz.at/institute/ceet/home/ (TU Graz | Institut für Chemische Verfahrenstechnik und Umwelttechnik)

http://www.rgh2.com/ (Rouge H2 Engineering)

https://www.youtube.com/watch?time_continue=113&v=gt_zMpIuYik&feature=em... (Erklärvideo zum OSOD-System anlässlich des Houskapreises 2017)

28.05.2020 Studie: »Grüner« Wasserstoff oder »grüner« Strom für die Gebäudewärme?

Uwe Krengel Pressestelle

Fraunhofer-Institut für Energiewirtschaft und Energiesystemtechnik IEE

In Deutschland und Europa wird die energiepolitische Diskussion derzeit stark von Wasserstoff als universellem Energieträger für die Energiewende geprägt. Die unterschiedlichen Sektoren erfordern aber eine differenzierte Betrachtung. Eine Studie des Fraunhofer IEE in Kassel hat den Einsatz von Wasserstoff im zukünftigen Energiesystem mit dem besonderen Fokus auf die Gebäudewärmeversorgung untersucht und in Bezug zur direkten Nutzung von elektrischem Strom in Wärmepumpen gesetzt.

Für eine CO2-neutrale Energieversorgung gibt es zu den erneuerbaren Energiequellen keine Alternative. Erneuerbare Energien, allen voran aus Windenergie- und Photovoltaikanlagen, liefern effizient und günstig elektrischen Strom. Die wetterbedingt fluktuierende Erzeugung aus Wind- und Solarenergie erfordert eine höhere installierte Gesamtleistung gegenüber der bisherigen Kraftwerksleistung für die Stromversorgung. »Es bietet sich an, die anderen Energiesektoren Verkehr, Gebäude, Industrie zunehmend an den elektrischen Sektor anzubinden. Dadurch lässt sich dem fluktuierenden Erzeugungsmuster der erneuerbaren Energiequellen eine Lastdynamik mit zahlreichen flexiblen Lasten und Speichermöglichkeiten entgegenstellen«, erläutert Prof. Dr. Clemens Hoffmann, Leiter des Fraunhofer-Instituts für Energiewirtschaft und Energiesystemtechnik IEE in Kassel.

Doch wie kommt die Energie zu den Verbrauchern? Direkt über die Stromleitungen oder über chemische Energieträger, wie Gase oder flüssige Kraftstoffe? In Deutschland und Europa wird die energiepolitische Diskussion derzeit von Wasserstoff als universellem Energieträger für die Energiewende geprägt. Im Auftrag des Informationszentrums Wärmepumpen und Kältetechnik IZW e.V. in Hannover hat das Fraunhofer IEE nun den Einsatz von Wasserstoff im zukünftigen Energiesystem mit dem besonderen Fokus auf die Gebäudewärmeversorgung untersucht. Im ersten Schritt haben die Forscher die zukünftige Wasserstoffnachfrage in allen Anwendungen und das Angebot von »grünem« also mit regenerativen Energien erzeugtem Wasserstoff analysiert. Anschließend werden ein Ausbau der Wasserstoffinfrastruktur in Deutschland sowie eine teilweise Umnutzung des bestehenden Gasnetzes generell und in Hinblick auf eine dezentrale Gebäudeversorgung bewertet. Dem stellen die Autoren der Studie Potenziale und mögliche Hemmnisse einer von Wärmepumpen dominierten Wärmeversorgung gegenüber, die über das Stromnetz direkt mit regenerativem Strom gespeist wird.

Die Erzeugung von »grünem« Wasserstoff in Deutschland muss durch Importe ergänzt werden

»Wasserstoff kann als chemischer Energieträger in vielen Anwendungsfeldern als Endenergie genutzt werden, wie z.B. als Kraftstoff im Verkehr, oder weiter konvertiert werden in chemische synthetische Energieträger und Chemierohstoffe unter Hinzuziehung von Kohlenstoff aus CO_2 oder von Stickstoff, beispielsweise zur Herstellung von Düngemittel. Das wirtschaftlich zu erschließende Erzeugungspotenzial über Elektrolyse mit regenerativen Strom ist in Deutschland aber begrenzt. Daher müssen wir gut transportierbare synthetische Energieträger auch in Regionen mit sehr guten Potenzialen für Solarenergie und Windenergie herstellen und von dort importieren«, erklärt Prof. Hoffmann aus der Systemsicht. Aber auch der Import von Wasserstoff hat laut Studie ein begrenztes wirtschaftliches Potenzial.

Wärmepumpentechnologie bietet Vorteile für die Gebäudewärmeversorgung

»Aufgrund des wirtschaftlich begrenzten Erzeugungspotenzials von Wasserstoff in Deutschland und Europa sollten wir ihn vor allem dort einsetzen, wo es keine wirtschaftlichen Alternativen gibt oder er besondere Vorteile gegenüber anderen Optionen aufweist. Für eine Versorgung der dezentralen

Gebäudewärme ist der Einsatz von Wasserstoff nach unseren Erkenntnissen nicht notwendig und auch aus Kosten- und Effizienzgründen nicht sinnvoll. Denn die benötigte erneuerbare Energiemenge zur Bereitstellung von Niedertemperaturwärme mit Wasserstoff ist um 500 bis 600 % höher gegenüber der Wärmepumpe. Selbst in einem dicht besiedelten Land wie Deutschland besteht ein ausreichendes Potenzial von Strom aus Windenergie und Photovoltaik, um die hohen Nachfragepotenziale einer direkten Stromnutzung in den Bereichen Elektromobilität, Industrieprozesswärme und Gebäudewärme zu versorgen«, stellt Hoffmann fest. »Für die Versorgung von Gebäuden bietet die effiziente Wärmepumpentechnologie mittlerweile umfassende Lösungen, um den für einen schnellen Markthochlauf teilweise notwendigen Einsatz in unsanierten Bestandsgebäuden effizient zu ermöglichen.« Dabei kann die elektrische Versorgungssicherheit in einem wetterabhängigen Energiesystem in der kalten Dunkelflaute trotz der erhöhten Stromnachfrage mit moderaten zusätzlichen Gaskraftwerkskapazitäten zu geringen Mehrkosten gewährleistet werden. Auch für das Stromnetz ergeben sich daraus keine besonderen Herausforderungen. Die Ausbaukosten für das Stromnetz werden überwiegend durch die zur Erreichung der Klimaziele notwendige erneuerbare Stromerzeugung und die Elektromobilität bestimmt. Die zusätzlichen Netzkosten für den Einsatz von Wärmepumpen sind gering.

»Grüner« und »blauer« Wasserstoff

Die technische- und wirtschaftliche Reife der Bereitstellung von Gebäudewärme aus elektrischem Strom mit Hilfe der Wärmepumpe, sowie die Bereitstellung von CO_2-freiem »grünem« Wasserstoff für industrielle Prozesse und Mobilität ist hoch. Beim CO_2-armen »blauen« Wasserstoff ist derzeit unklar, ob die Behandlung der technischen Probleme der Herstellung und des Transportes dazu führen, dass er überhaupt wirtschaftlicher sein kann, als der elektrolytisch hergestellte grüne Wasserstoff. »Insbesondere aber muss die Energieforschung beim »blauen« Wasserstoff frühzeitig darauf hinweisen, dass die Erzeugung hochkonzentrierten Kohlendioxids in Mengengerüsten von Milliarden von Kubikmetern pro Jahr - wenn dieser Wasserstoff einen signifikanten Beitrag zum zukünftigen Energiesystem beitragen soll - Fragen aufwirft, die ähnlich sind wie jene, die an die Kernenergie zu stellen waren: nämlich die Frage nach der Größe eines größten anzunehmenden Unfalls (GAU) und die Wahrscheinlichkeit dafür. Diese Fragen werden derzeit noch nicht aufgeworfen und es kann deshalb der Eindruck entstehen, dass der »blaue« Wasserstoff bereits eine reale Alternative zur Energiesystemtransformation darstellt. Dies ist nicht der Fall und wissenschaftliche Verantwortung muss darauf hinweisen«, stellt Prof. Hoffmann, der früher für die Kernfusion forschte, mahnend fest.

Wissenschaftliche Ansprechpartner:

Norman Gerhardt, norman.gerhardt@iee.fraunhofer.de, Tel. +49 561 7294-274

Jochen Bard, jochen.bard@iee.fraunhofer.de, Tel. +49 561 7294-346

Weitere Informationen:

https://s.fhg.de/sa8

04.09.2020 Höher und schneller mit Tandem-Photovoltaik

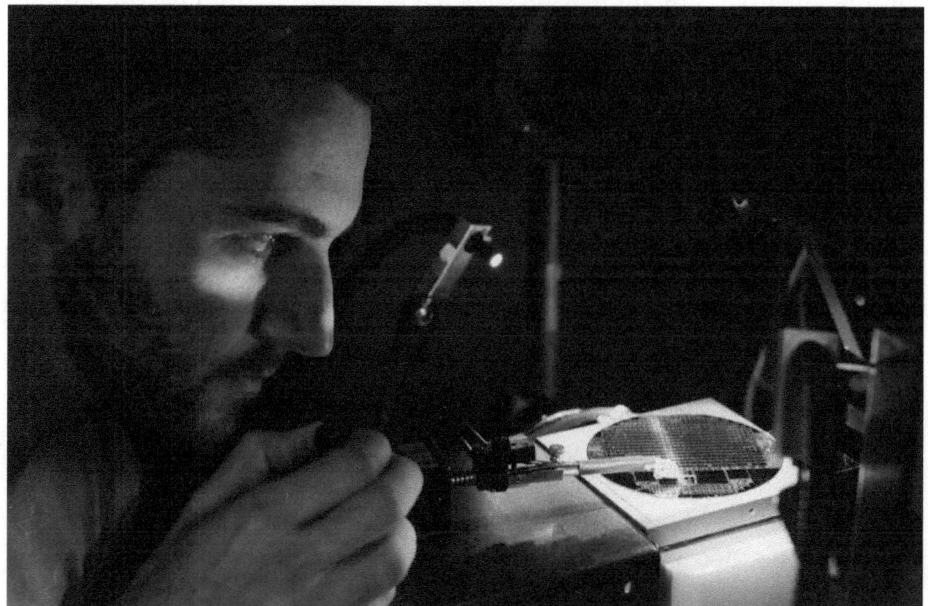

Abbildung 6: Tandemsolarzelle aus Silicium und III-V-Halbleitern ermöglicht eine deutlich bessere Ausnutzung des Sonnenspektrums als heutige Standardsolarzellen. Fraunhofer ISE/A.Wekkeli

Karin Schneider *Presse und Public Relations*

Fraunhofer-Institut für Solare Energiesysteme ISE

Höhere Wirkungsgrade für Solarzellen und damit ein schnellerer Ausbau der Photovoltaik und eine Beschleunigung der Energiewende – das ist die Zielsetzung der Forscher und Forscherinnen am Fraunhofer-Institut für Solare Energiesysteme ISE bei der Arbeit an der Tandem-Photovoltaik.

Die Kosten für Solarstrom zu reduzieren und die Wirkungsgrade zu steigern, war schon immer eine Hauptmotivation in der Solarzellenforschung. Da der Wirkungsgrad der marktdominierenden Siliciumtechnologie – deren stetige Weiterentwicklung zu Solarstrompreisen von heute unter 5 Eurocent pro Kilowattstunde selbst in Deutschland geführt hat — rein physikalisch an seine theoretische Grenze kommt, wird derzeit von zahlreichen Forschungseinrichtungen der Tandemansatz verfolgt. Dabei werden unterschiedliche Halbleitermaterialien zu einem Tandem aus zwei oder mehr Solarzellen zusammengefügt, um auf diesem Weg das Sonnenspektrum besser ausnutzen zu können. Denn jedes der verwendeten Materialien wandelt einen jeweils anderen Bereich des Sonnenspektrums in elektrische Energie um. Bei Silicium allein liegt die physikalisch-theoretische Grenze bei gut 29 Prozent, und Forschung und Industrie sind hier mit industrietauglichen Solarzellenwirkungsgraden von 26 Prozent am wirtschaftlich darstellbaren Limit angelangt.

»In der Tandem-Photovoltaik am Fraunhofer ISE verfolgen wir den Ansatz, eine Silicium-Basiszelle mit III-V-Halbleitern oder mit Perowskiten zu einer monolithischen Tandemsolarzelle zu verbinden, die nachher nicht anders aussieht als eine allein aus Silicium bestehende Zelle«, sagt Prof. Dr. Stefan Glunz, Bereichsleiter Photovoltaik – Forschung am Fraunhofer ISE. »Durch die Nutzung der Eigenschaften beider Schichten kommen wir jedoch auf deutlich höhere Wirkungsgrade«, fügt er hinzu und freut sich: »In unserem bald zur Verfügung stehenden neuen Zentrum für höchsteffiziente Solarzellen werden wir über modernste Reinraumausstattung verfügen, die uns hilft, den Herausforderungen der sich schnell entwickelnden Tandem-PV noch besser zu begegnen.«

Mit der Kombination aus Silicium mit III-V Halbleitern hat das Fraunhofer ISE bereits einen Wirkungsgrad von 34,5 Prozent - weit über der Wirkungsgradgrenze von einfachen Solarzellen - erreicht. Auch bei direktem Wachstum von III-V-Halbleitern wurden jüngst sehr große Fortschritte erzielt. Ebenso bei einem weiteren vielversprechenden Ansatz, der am Fraunhofer ISE verfolgt wird, der Kombination von Perowskiten mit Silicium.

Die Freiburger Forscher entwickeln nicht nur Solarzellen im Tandem-Verfahren, sie arbeiten entlang der gesamten Wertschöpfungskette, von den Zellen und Modulen inklusive der jeweiligen Produktionstechnologie – hier kommt die langjährige Erfahrung und Kompetenz des PV-TEC und des Module-TEC zum Tragen – bis hin zu den Anwendungen der Technologie, zum Beispiel in der Integrierten Photovoltaik. Alle Prozessschritte sind begleitet von Charakterisierung, Kalibrierung und Lebensdauertests. Mit dem CalLab PV Cells, dem CalLab PV Modules sowie dem TestLab PV Modules verfügt das Institut über weltweit führende akkreditierte Kalibrier- und Testlabors.

»Die höhere Solarstromausbeute von Tandemsolarzellen und -modulen ermöglicht PV-Installationen mit höherer Leistung auf kleineren Flächen. Damit kann die Tandem-Photovoltaik künftig einen wichtigen Beitrag zu dem für das Erreichen der Klimaziele und dem damit verbundenen notwendigen starken Photovoltaik-Ausbau leisten und trägt gleichzeitig zu noch mehr Nachhaltigkeit der für die Energiewende zentralen Technologie bei«, so Institutsleiter Prof. Dr. Andreas Bett.

Weitere Informationen:

https://www.ise.fraunhofer.de/de/veranstaltungen/eu-pvsec.html   Link zu den Fraunhofer ISE-Vorträgen auf der EU PVSEC

14.12.2020 JET bereitet energieerzeugende Fusions-tests vor

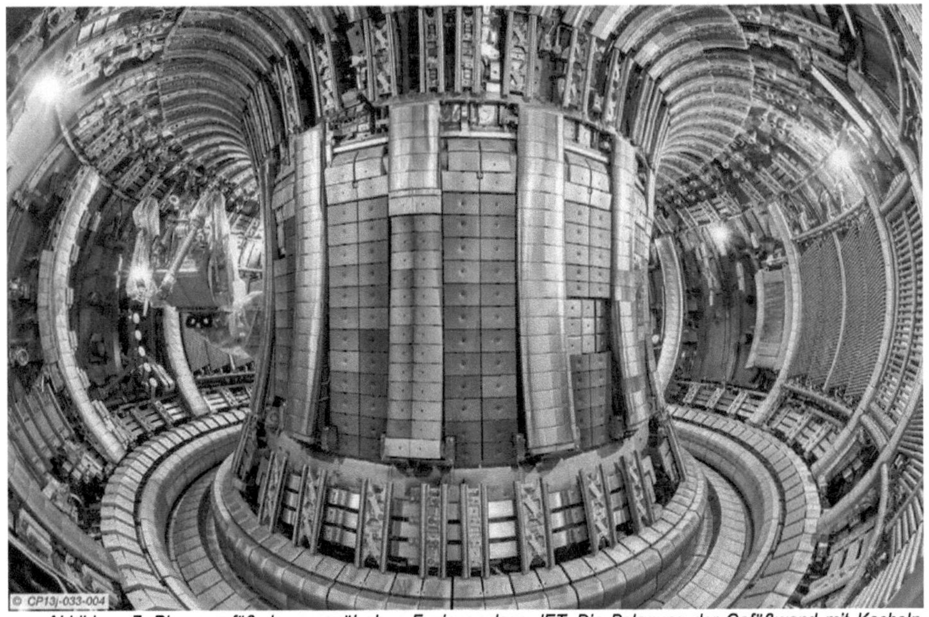

Abbildung 7: Plasmagefäß der europäischen Fusionsanlage JET. Die Belegung der Gefäßwand mit Kacheln aus Beryllium und – am Boden, im sogenannten Divertor – aus Wolfram entspricht den Materialien, die für den internationalen Experimentalreaktor ITER vorgeseh (Foto: EUROfusion; CC BY 4.0-Lizenz)

Hintergrund:

JET wurde von den Mitgliedern des Europäischen Fusionsprogramms gemeinsam konzipiert und gebaut und wird seit 1983 auch gemeinsam betrieben. Für die technischen Abläufe ist das englische Fusionszentrum „Culham Centre for Fusion Energy" in Culham bei Oxford zuständig, während zeitweise abgeordnete Wissenschaftler und Techniker aus den Laboratorien des europäischen Fusionsprogramms EUROfusion kampagnenweise an der Anlage arbeiten. Mit zahlreichen Abordnungen ist das IPP ein wichtiger Teilnehmer des JET-Programms.

Pressemeldung:

Isabella Milch Öffentlichkeitsarbeit

Max-Planck-Institut für Plasmaphysik

Europäische Gemeinschaftsanlage plant 2021 wieder Experimente mit Deuterium-Tritium-Plasmen

An dem europäischen Gemeinschaftsexperiment JET – dem Joint European Torus, der weltweit größten Fusionsanlage – in Culham/Großbritannien sind im kommenden Jahr Plasmaexperimente geplant, die Fusionsenergie erzeugen. Wissenschaftlerinnen und Wissenschaftler des Max-Planck-Instituts für Plasmaphysik (IPP) in Garching haben intensiv zu den Vorbereitungen beigetragen. JET ist die zurzeit einzige Anlage, die mit dem Brennstoff eines künftigen Fusionskraftwerks experimentieren kann.

Im europäischen Fusionsforschungsprogramm hat der Tokamak JET die Aufgabe, Plasmen in der Nähe der Zündung zu untersuchen. Diese weltweit größte Fusionsanlage ist die zurzeit einzige, die mit dem Brennstoff eines künftigen Fusionskraftwerks experimentieren kann, den beiden Wasserstoff-Sorten Deuterium und Tritium, dem schweren und überschweren Wasserstoff. Alle anderen Anlagen arbeiten mit Test-Plasmen aus leichtem Wasserstoff oder Deuterium.

In der ersten Deuterium-Tritium-Kampagne 1991 ist es mit JET zum ersten Mal in der Geschichte der Fusionsforschung gelungen, Energie durch Kernfusion freizusetzen. Für die Dauer von zwei Sekunden lieferte das Plasma eine Fusionsleistung von 1,8 Megawatt. 1993 wurde JET nach dem Vorbild der IPP-Anlagen ASDEX und ASDEX Upgrade mit einem neuen Bauteil – einem sogenannten Divertor – ausgerüstet. In der zweiten Deuterium-Tritium-Kampagne 1997 mit verändertem Mischungsverhältnis der Brennstoffe konnte JET die Fusionsleistung auf 16 Megawatt steigern. Das entspricht mehr als der Hälfte der aufgewendeten Heizleistung. Für einen Nettogewinn an Energie ist das JET-Plasma allerdings zu klein. Dies ist die Aufgabe des internationalen Experimentalreaktors ITER, der zurzeit in Cadarache in Südfrankreich aufgebaut wird.

Von 2009 bis 2011 wurde die frühere Kohlenstoff-Auskleidung des Plasmagefäßes durch eine Mischung aus Beryllium und – wiederum nach dem Vorbild von ASDEX Upgrade – aus Wolfram ersetzt. Die gleichen Materialien sind auch für ITER vorgesehen: Wolfram ist widerstandsfähiger als Kohlenstoff, der überdies zu viel Wasserstoff einlagert. Allerdings stellt die metallische Wand hohe Anforderungen an die Qualität der Plasmaführung. Eine Voraussetzung dafür war der Ausbau der Neutralteilchen-Plasmaheizung, die seit kurzem gut 30 Megawatt in das Plasma einspeisen kann.

Anschließend war man über das ganze Jahr 2020 hinweg in aufwändiger Detailarbeit damit beschäftigt, unter den veränderten Wand-Bedingungen mit Plasmen aus Deuterium die passenden Plasma-Szenarien für die dritte Deuterium-Tritium-Kampagne zu entwickeln. Die für diese Perfektionierung der Betriebsweisen zuständige Gruppe von etwa hundert Wissenschaftlerinnen und Wissenschaftlern wurde von Dr. Jörg Hobirk und Dr. Athina Kappatou aus dem IPP sowie zwei weiteren Forschern aus Fusionslaboratorien in Belgien und Großbritannien geleitet. Die Ergebnisse – stabile Hochleistungsplasmen in Deuterium über rund fünf Sekunden – stimmen zuversichtlich für den kommenden Tritium-Betrieb.

Mit der dritten Deuterium-Tritium-Kampagne will man vor allem Daten zur Vorbereitung der Experimente mit dem Experimentalreaktor ITER gewinnen. „Diese Untersuchungen sind von großer Bedeutung", sagt Jörg Hobirk, „weil die bisherigen JET-Werte, die in die Vorbereitung der ITER-Experimente eingehen, nicht mit einer ITER-ähnlichen Metallwand, sondern mit einer Kohlenstoff-Wand erzielt wurden".

Begonnen wird zunächst mit Experimenten in reinem Tritium. Hierbei wird zwar kaum Energie freigesetzt, aber es bietet sich „die einmalige Gelegenheit, die Eigenschaften von Tritium- und Deuterium-Plasmen vergleichen zu können und den Einfluss des Isotopeneffekts auf das Plasmaverhalten zu studieren, zum Beispiel auf die Turbulenz im Plasma oder das Dichte- und Temperaturprofil", so Jörg Hobirk. Nach einer sorgfältigen Auswertung soll dann in der zweiten Jahreshälfte an JET die dritte und letzte Deuterium-Tritium-Kampagne starten.

Weitere Informationen:

https://www.ipp.mpg.de/de/aktuelles/presse/pi/2020/08_20

29.07.2021 Wasserstoff-Erzeugung: Thüga investiert in Pyrolyse-Studie

München (ots). **Pyrolyse zählt zu den aussichtsreichen Verfahren für die Erzeugung von Wasserstoff. Welche Rolle sie für den Aufbau einer Wasserstoffwirtschaft spielen kann, untersucht Thüga mit weiteren Projektpartnern in einer Machbarkeitsstudie. Im Fokus stehen technische, betriebswirtschaftliche und rechtliche Fragen.**

Wasserstoff gilt als Schlüsselelement für eine erfolgreiche Energiewende. Noch nicht geklärt ist allerdings die Frage, wie die benötigten Mengen produziert werden können. Vor allem im windschwachen Süden der Bundesrepublik mangelt es an erneuerbarem Strom für die Elektrolyse von grünem Wasserstoff. Eine Option bietet hier das Pyrolyseverfahren. Dabei wird Methan unter hohen Temperaturen in Wasserstoff und feste Kohlenstoffverbindungen zerlegt. In einer Machbarkeitsstudie beleuchten nun Thüga, DBI-Gas und Umwelttechnik, die Technische Universität Bergakademie Freiberg, die Universidad Politécnica de Madrid sowie weitere Industriepartner, wie die Pyrolysetechnik für eine dezentrale Wasserstofferzeugung eingesetzt werden kann.

Pilotanlage geplant

Ziel der Vorstudie ist die technische Machbarkeitsplanung einer Pyrolyse-Pilotanlage bis zum vierten Quartal 2021. Ein besonderes Augenmerk liegt auf der Integration erneuerbarer Energien. Nach erfolgreichem Abschluss der Vorstudie sind der Bau und Betrieb der Pilotanlage am Lehrstuhl Gas- und wärmetechnische Anlagen an der Technischen Universität Bergakademie Freiberg mit weiteren Industriepartnern geplant.

Michael Riechel, Vorsitzender des Vorstandes der Thüga Aktiengesellschaft erklärt: "Wir müssen alle Technologien einsetzen, um die Energiewende voranzubringen. Bei der Pyrolyse gab es in den letzten Jahren signifikante technische Fortschritte. Das veranlasst uns, die skalierbare Einsatzfähigkeit dieser Technik auf den Prüfstand zu stellen". Denn: Die Gasnetze zu dekarbonisieren, ist eines der drängenden Zukunftsthemen für die rund 100

Energieversorger des Stadtwerkeverbunds. Deshalb arbeitet Thüga intensiv daran, die Bahn für die Beimischung von Wasserstoff in die Verteilnetze freizumachen. "Mit der Machbarkeitsstudie investieren wir in die Weiterentwicklung einer Technologie, der wir insbesondere wegen ihres dezentralen Ansatzes viel Potenzial zutrauen. Damit erschließen wir unseren Partnerunternehmen perspektivisch den Zugang zu einem weiteren Baustein für eine klimaneutrale Zukunft", so Riechel.

Pyrolyse kann auch "grün"

Ein Vorteil der Pyrolyse: Sie ist an keinen speziellen Standort gebunden, lediglich Erdgas oder Biomethan muss zur Verfügung stehen. Zudem entsteht - anders als bei der Methanreformierung - kein CO_2. Der so erzeugte Wasserstoff wird in der Regel mit der Farbe "türkis" klassifiziert und zählt zu den klimaneutralen Gasen. Kommen für die Pyrolyse erneuerbarer Strom und Biomethan zum Einsatz, gilt das Label "grüner" Wasserstoff, und es wird der Atmosphäre netto sogar CO_2 entzogen. **Aktuell werden insbesondere in Deutschland weitere Pyrolyseverfahren entwickelt, die Müll oder Abwasser als Basis verwerten.**

Kontakt:

Dr. Detlef Hug
detlef.hug@thuega.de
Tel. +49 (0) 89-38197-1222

12.08.2021 Das Konzept von Wendelstein 7-X bewährt sich

Hintergrund:

Ziel der Fusionsforschung ist es, ein klima- und umweltfreundliches Kraftwerk zu entwickeln. Ähnlich wie die Sonne soll es aus der Verschmelzung von Atomkernen Energie gewinnen. Weil das Fusionsfeuer erst bei Temperaturen über 100 Millionen Grad zündet, darf der Brennstoff – ein dünnes Wasserstoffplasma – nicht in Kontakt mit kalten Gefäßwänden kommen. Von Magnetfeldern gehalten, schwebt er nahezu berührungsfrei im Inneren einer Vakuumkammer.

Den magnetischen Käfig von Wendelstein 7-X erzeugt ein Ring aus 50 supraleitenden Magnetspulen. Ihre speziellen Formen sind das Ergebnis ausgefeilter Optimierungsrechnungen. Mit ihrer Hilfe soll die Qualität des Plasmaeinschlusses in einem Stellarator das Niveau der konkurrierenden Anlagen vom Typ Tokamak erreichen.

Pressemeldung;

Isabella Milch Öffentlichkeitsarbeit

Max-Planck-Institut für Plasmaphysik

Teil der Optimierungsstrategie experimentell bestätigt / Energieverluste des Plasmas gesenkt

Eines der wichtigsten Optimierungsziele, die der Fusionsanlage Wendelstein 7-X im Max-Planck-Institut für Plasmaphysik (IPP) in Greifswald zugrunde liegen, wurde jetzt bestätigt. Eine Analyse von Wissenschaftlern des IPP in der Fachzeitschrift „Nature" zeigt: In dem optimierten Magnetfeldkäfig sind die Energieverluste des Plasmas in gewünschter Weise reduziert. Wendelstein 7-X soll beweisen, dass die Nachteile früherer Stellaratoren überwindbar und Anlagen vom Typ Stellarator kraftwerkstauglich sind.

Der optimierte Stellarator Wendelstein 7-X, der vor fünf Jahren in Betrieb ging, soll zeigen, dass Fusionsanlagen vom Typ Stellarator kraftwerkstauglich sind. Das Magnetfeld, welches das heiße Plasma einschließt und von den Gefäßwänden fernhält, wurde dazu mit großem Theorie- und Rechenaufwand so geplant, dass die Nachteile früherer Stellaratoren vermieden werden. Dabei war es eines der wichtigsten Ziele, die Energieverluste des Plasmas zu senken, die durch die Welligkeit des Magnetfeldes zustande kommen. Sie ist dafür verantwortlich, dass Plasmateilchen trotz ihrer Bindung an die magnetischen Feldlinien nach außen driften und verloren gehen.

Anders als bei den konkurrierenden Anlagen vom Typ Tokamak, für die dieser sogenannte „neoklassische" Energie- und Teilchenverlust kein großes Problem ist, ist er bei konventionellen Stellaratoren ein ernster Schwachpunkt. Er lässt die Verluste mit steigender Plasmatemperatur so stark anwachsen, dass ein auf dieser Basis geplantes Kraftwerk sehr groß und damit sehr teuer wäre.

In Tokamaks dagegen sind – dank ihrer symmetrischen Gestalt – die Verluste durch die Welligkeit des Magnetfeldes nur gering. Hier werden die Energieverluste im Wesentlichen durch kleine Wirbelbewegungen im Plasma bestimmt, durch Turbulenz – die als Verlustkanal auch bei Stellaratoren hinzukommt. Um an die guten Einschlusseigenschaften der Tokamaks aufzuschließen, ist daher die Absenkung der neoklassischen Verluste eine wichtige Aufgabe für die Stellarator- Optimierung. Entsprechend wurde das Magnetfeld von Wendelstein 7-X für ausreichend geringe Verluste konzipiert.

Ob dies den gewünschten Erfolg bringt, untersuchten Wissenschaftlerinnen und Wissenschaftler um Dr. Craig Beidler vom IPP-Bereich Stellarator-Theorie jetzt in einer genauen Analyse der bisherigen experimentellen Ergebnisse (siehe Fachmagazin Nature, DOI 10.1038/s41586-021-03687-w). Mit den bislang zur Verfügung stehenden Heizapparaturen konnte Wendelstein 7-X bereits Hochtemperatur-Plasmen erzeugen und den Stellarator-Weltrekord für das „Fusionsprodukt" bei hoher Temperatur aufstellen.

Dieses Produkt aus Temperatur, Plasmadichte und Energieeinschlusszeit gibt an, wie nahe man den Werten für ein brennendes Plasma kommt.

Ein solches Rekord-Plasma wurde nun genauer analysiert. Bei hohen Plasmatemperaturen und niedrigen turbulenten Verlusten ließen sich hier die neoklassischen Verluste in der Energiebilanz gut aufspüren: Sie machten 30 Prozent der Heizleistung aus, ein beträchtlicher Teil der Energiebilanz.

Die Wirkung der neoklassischen Optimierung von Wendelstein 7-X zeigt nun ein Gedankenexperiment: Angenommen wurde, dass die gleichen Plasmawerte und -profile, die bei Wendelstein 7-X zu dem Rekordergebnis führten, auch in Anlagen mit weniger optimiertem magnetischen Feld erreicht wurden. Dann wurden die dort zu erwartenden neoklassischen Verluste berechnet – mit eindeutigem Ergebnis: Sie wären größer als die Heizleistung, was eine physikalische Unmöglichkeit ist. „Dies zeigt", sagt Professor Per Helander, der den Bereich Stellarator-Theorie leitet, „dass die in Wendelstein 7-X beobachteten Plasmaprofile nur in Magnetfeldern mit geringen neoklassischen Verlusten denkbar sind. Umgekehrt ist damit bewiesen, dass die Optimierung des Wendelstein-Magnetfeldes die neoklassischen Verluste erfolgreich absenkt".

Allerdings waren die Plasmaentladungen bislang nur kurz. Um die Leistungsfähigkeit des Wendelstein-Konzeptes im Dauerbetrieb zu testen, wird zurzeit eine wassergekühlte Wandverkleidung eingebaut. So ausgerüstet, wird man sich schrittweise an 30 Minuten lange Plasmen heranarbeiten. Dann lässt sich überprüfen, ob Wendelstein 7-X seine Optimierungsziele auch im Dauerbetrieb – dem wesentlichen Plus der Stellaratoren – erfüllen kann.

Originalpublikation:

C.D. Beidler et al.: Demonstration of reduced neoclassical energy transport in Wendelstein 7-X. In: Nature, 2021, DOI 10.1038/s41586-021-03687-w, https://www.nature.com/articles/s41586-021-03687-w

Weitere Informationen:

https://www.ipp.mpg.de/de/aktuelles/presse/pi/2021/05_21

18.08.2021 „Ein Meilenstein der Fusionsforschung": Laserfusions-Experte Markus Roth über Durchbruch in den USA und Perspektiven

Silke Paradowski Stabsstelle Kommunikation und Medien

Technische Universität Darmstadt

Hintergrund:

Bei der Trägheitsfusion, wie sie am Lawrence Livermore National Laboratory verfolgt wird, befindet sich eine etwa zwei Millimeter große Kapsel, welche mit den Wasserstoffisotopen Deuterium und Tritium gefüllt ist, im Inneren eines etwa einen Zentimeter langen, hohlen Metallzylinders. Von beiden Enden des Zylinders strahlen jeweils 96 Laserstrahlen in den Hohlraum und erzeugen im Inneren ein extremes Strahlungsfeld. Dieses verdampft die Außenseite der Kapsel, und das Innere der Kapsel wird ins Zentrum hin beschleunigt. Dort treffen alle Teile des Deuterium- und Tritium-Brennstoffs mit ca. 300 bis 400 Kilometern pro Sekunde aufeinander und erzeugen eine Dichte und eine Temperatur, die die Atomkerne miteinander verschmelzen lässt. Das dabei entstehende Helium heizt den Brennstoff weiter auf und erlaubt es einem bestimmten Anteil des Brennstoffs zu verschmelzen, bis der Brennstoff schließlich wieder auseinanderfliegt. Bei diesem Prozess werden große Mengen Energie freigesetzt, was das Verfahren im Prinzip für die Energieproduktion interessant macht.

Laserfusionsforschung an der TU Darmstadt

Die Fusionsforschung an der TU Darmstadt arbeitet seit vielen Jahren auf dem Gebiet der zivilen Nutzung der Fusion mit dem Lawrence Livermore

National Laboratory zusammen. Dabei verfolgt die TU Darmstadt das Prinzip des „direct-drive", bei dem die Kapsel direkt von Laserstrahlen getrieben wird. Dieses Verfahren ist ein vielversprechender Ansatz für die kommerziell attraktive Energieproduktion und ist unbrauchbar für militärische Anwendung. Die TU Darmstadt hat darüber hinaus ein Verfahren entwickelt, welches verspricht, mit kleineren Laseranlagen und höherem Energiegewinn einen effizienteren Weg zur sauberen, sicheren und zuverlässigen Energieversorgung zu beschreiten. Dieses Prinzip, die sogenannte „schnelle Zündung", wurde von TU-Wissenschaftlerinnen und -Wissenschaftlern entwickelt und wird in Forschergruppen in aller Welt aktuell verfolgt. Die jüngsten Ergebnisse aus Kalifornien zeigen den Fortschritt der letzten Jahre und werden diese Forschungsanstrengungen in naher Zukunft intensivieren.

Pressemeldung:

Darmstadt, 18. August 2021. Am Lawrence Livermore National Laboratory (LLNL) in Kalifornien ist in diesen Tagen ein Durchbruch in der Fusionsforschung geglückt. Erstmals konnte fast genau so viel Energie erzeugt werden, wie Laserenergie aufgewendet wurde – mehr als 1.300 Kilojoule. Professor Markus Roth, Physiker und Experte für Laserfusions-Forschung an der TU Darmstadt, hat am Bau des bei dem Experiment verwendeten Lasers mitgearbeitet und erläutert Hintergründe und Bedeutung des Forschungserfolgs für die Forschung und die weltweite Energiewirtschaft:

„Dies ist ein Meilenstein in der Fusionsforschung mit Lasern und wird die weitere Forschung zur Nutzung der Fusion zur Energiegewinnung stark beflügeln.

Das Ergebnis ist besonders für die zivile Nutzung für die Energieversorgung von Interesse. Es zeigt den großen Fortschritt im Verständnis der zugrunde liegenden Physik, der Entwicklung in der Lasertechnik und der Herstellung von Fusionstargets mit hoher Qualität.

Bei allen Versuchen in der Vergangenheit verhinderten Instabilitäten oder eine Asymmetrie im Strahlungsfeld eine Zündung. Die großartigen Fortschritte der letzten Jahre im Verständnis der Laser-Plasma-Wechselwirkung gipfelten in dem Experiment am 8. August am Lawrence Livermore

National Laboratory, bei dem rund zehnmal mehr Energie durch die Fusion erzeugt wurde als in den bisherigen Experimenten.

Dieser Sprung entspricht im Prinzip einem sogenannten break-even: Es wird genauso viel Fusionsenergie erzeugt, wie Laserenergie aufgewendet wird."

Wissenschaftliche Ansprechpartner:

Prof. Markus Roth

Arbeitsgruppe Laser- und Plasmaphysik, Institut für Kernphysik am Fachbereich Physik

Tel.: 06151/16-23580

E-Mail: markus.roth@physik.tu-darmstadt.de

03.12.2021 Projekt ALBATROS: Aluminium-Ionen-Batterien als alternative Speichertechnologie für stationäre Anwendungen

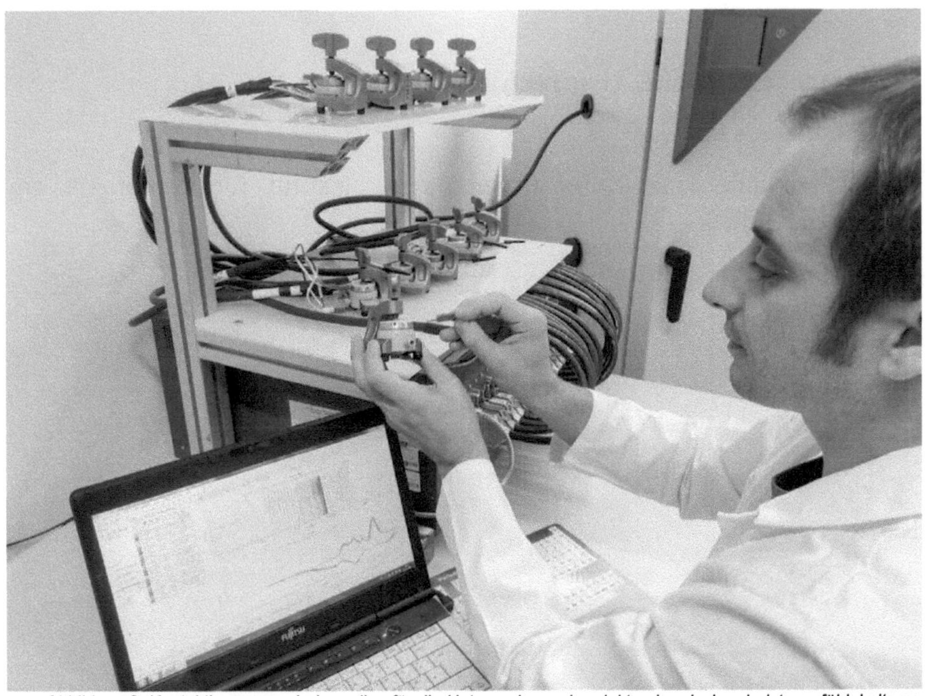

Abbildung 8: Kontaktierung von Laborzellen für die Untersuchung der elektrochemischen Leistungsfähigkeit von Aluminium-Ionen-Batterien (AIB) am Fraunhofer-Technologiezentrum Hochleistungsmaterialien THM in Freiberg. Foto: Ulrike Wunderwald / Fraunhofer IISB

Thomas Richter *Presse/Media*

Fraunhofer-Institut für Integrierte Systeme und Bauelementetechnologie IISB

Im Projekt ALBATROS entwickelt ein Konsortium aus Forschung und Industrie die Aluminium-Ionen-Batterie (AIB) weiter. Dabei stehen die Abläufe in der Batteriezelle und an den Grenzflächen zwischen Elektroden und Elektrolyt besonders im Fokus. Aluminium-Ionen-Batterien besitzen ein hohes Potenzial im Hinblick auf Sicherheit, Zyklenfestigkeit und Laderate. Die Aluminium-Ionen-Technologie bietet auch Vorteile hinsichtlich Fertigungskosten, Rohstoffverfügbarkeit und Recycling. Konsortialpartner im Batterieprojekt ALBATROS sind Fraunhofer IISB, IoLiTec GmbH, DECHEMA-Forschungsinstitut und das Institut für Anorganische Chemie der Technischen Universität Bergakademie Freiberg.

Das Konsortium im Projekt ALBATROS fokussiert sich auf eine substanzielle Weiterentwicklung der Aluminium-Ionen-Batterie. Das Akronym steht für „Alternative Materialsysteme für stationäre Batteriespeicher auf Basis von Aluminium als Anodenmaterial zur Substitution kritischer Rohstoffe". Ziel des Projektes ist es, ein umfassendes Grundlagenverständnis für die Abläufe in der Batteriezelle und insbesondere an den Grenzflächen zwischen Elektroden und Elektrolyt zu schaffen. Die neuartige aluminium-basierte Zellchemie besitzt ein vielversprechendes Potenzial hinsichtlich Sicherheit, Zyklenfestigkeit und Laderate. Besonders relevant ist dabei der Verzicht auf kritische Rohstoffe, wie beispielsweise Lithium, Nickel oder Cobalt. Innerhalb des Projekts ALBATROS arbeiten das Fraunhofer IISB (Erlangen / Freiberg), die IoLiTec GmbH (Heilbronn), das DECHEMA-Forschungsinstitut (DFI, Frankfurt am Main) und das Institut für Anorganische Chemie der Technische Universität Bergakademie Freiberg zusammen. Das Projekt ALBATROS wird vom Bundesministerium für Bildung und Forschung (BMBF) gefördert.

Für stationäre elektrische Speicher wird eine deutliche Bedarfssteigerung prognostiziert. Schon heute lässt sich absehen, dass dieses starke Wachstum nicht mit den herkömmlichen Batterietechnologien zu decken ist. Gerade hinsichtlich der bislang eingesetzten kritischen Rohstoffe und der Kosten für Batteriespeicher sind zeitnah Alternativen zu den etablierten Zellchemien gefragt. Eine vielversprechende Option ist die Aluminium-Ionen-Batterie (AIB). Erste Funktionsmuster wurden bereits am Technologiezentrum Hochleistungsmaterialen (THM) des Fraunhofer IISB in Freiberg vorgestellt (siehe Infolinks).

Verglichen mit Blei-Säure- oder Li-Ionen-Batterien bietet die Aluminium-Ionen-Technologie deutliche Vorteile insbesondere in Bezug auf Fertigungskosten und Rohstoffverfügbarkeit. Aber auch im Hinblick auf das Gefährdungspotential und die Wiederverwertbarkeit können Aluminium-Ionen-Batterien durch den Einsatz nicht-brennbarer Elektrolyte eine durchaus überzeugende Alternative sein.

Für die AIB lassen sich preisgünstiges Aluminium sowie Graphit als Elektroden-materialien verwenden. Die Elektrolyte basieren auf sogenannten ionischen Flüssigkeiten und ermöglichen im Zusammenspiel mit den übrigen Materialien überhaupt erst den reversiblen Ladevorgang der Aluminium-Ionen-Batterie. Mit der sehr hohen Zyklenstabilität von über 20.000 Zyklen und Laderaten von mehr als 150 C bergen weiterentwickelte Aluminium-Graphit-Systeme ein enormes Potential für zukünftige Anwendungen. Die Nichtentflammbarkeit der Komponenten und des Elektrolyten macht die AIB dabei zu einer sicheren Speichervariante, zum Beispiel für Strom aus fluktuierenden regenerativen Energiequellen.

Bis zur Markteinführung der AIB bedarf es allerdings noch weiterer wissenschaftlicher Vorarbeiten. Eine besondere Herausforderung ist dabei das stark korrosive Verhalten der bisher in der AIB eingesetzten Elektrolyten. Bevor anwendungsrelevante Prototyp-Zellen für Tests zur Verfügung stehen, müssen umfangreiche Materialqualifizierungen, Prüfungen und Zertifizierungen durchgeführt werden. Für die theoretische Fundierung der neuartigen Zellchemie konzentrieren sich die Wissenschaftlerinnen und Wissenschaftler auf die grundlegenden chemischen Mechanismen und materialspezifische Einflussgrößen. Unter anderem werden dafür die kinetischen Parameter der Aluminium-Auflösung und -Abscheidung auf der Aluminium-Anode für unterschiedliche Elektrolytzusammensetzungen untersucht. Ebenso steht der Ein- und Austrag von Ladungsträgern in bzw. aus der Graphit-Matrix im Fokus. Das schließt auch gezielte Analysen der Spezies der Ladungsträger ein. Ein weiterer Schwerpunkt ist die Untersuchung von Selbstentladungsprozessen. Dieser Effekt ist für spätere Anwendungen von besonderem Interesse.

Die gewonnenen Erkenntnisse sind die unverzichtbare Basis für die Auslegung, Weiterentwicklung und Optimierung anwendungsnaher und nachhaltiger AIB-Speichersysteme. Hierbei wird als realistischer erster Schritt eine Anwendung in stationären elektrischen Speichersystemen angestrebt. So kann die Aluminium-Ionen-Batterie ein essentieller Baustein für den Ausbau der dringend benötigten Speicherkapazitäten sein und zum Erfolg der Energiewende beitragen. Das Projekt ALBATROS leistet elementare Beiträge für die Realisierung effizienter, langlebiger, kostengünstiger, umweltverträglicher und gut recycelbarer Batteriekomponenten.

Projekt ALBATROS wird vom Bundesministerium für Bildung und Forschung (BMBF) gefördert.

Fraunhofer THM

Das Fraunhofer Technologiezentrum für Hochleistungsmaterialien THM ist eine Forschungs- und Transferplattform des Fraunhofer-Instituts für Integrierte Systeme und Bauelementetechnologie IISB und des Fraunhofer-Instituts für Keramische Technologien und Systeme IKTS. Im Rahmen von Industrieaufträgen und öffentlich geförderten Projekten werden gemeinsam Halbleiter- und Energiematerialien in neue Anwendungen überführt, unter besonderer Berücksichtigung des zukünftigen stofflichen Recyclings. Ein Schwerpunkt der Arbeiten am Fraunhofer THM sind die Analyse und die Entwicklung von nachhaltigen Batteriesystemen mit verbesserter Ökobilanz und Rohstoffverfügbarkeit im Vergleich zu etablierten Batterietechnologien.

Fraunhofer IISB

Intelligente leistungselektronische Systeme und Technologien – unter diesem Motto betreibt das 1985 gegründete Fraunhofer-Institut für Integrierte Systeme und Bauelementetechnologie IISB angewandte Forschung und Entwicklung zum unmittelbaren Nutzen von Wirtschaft und Gesellschaft. Mit wissenschaftlicher Expertise und umfassendem System-Know-how unterstützt es weltweit Kunden und Partner dabei, aktuelle Forschungsergebnisse in wettbewerbsfähige Produkte umzusetzen, zum Beispiel für Elektrofahrzeuge, Luftfahrt, Produktion und Energieversorgung.

Seine Aktivitäten bündelt das Institut in den zwei Geschäftsbereichen Leistungselektronische Systeme und Halbleiter. Dabei deckt es in umfassender Weise die vollständige Wertschöpfungskette vom Grundmaterial über Halbleiterbauelemente-, Prozess- und Modultechnologien bis hin zum kompletten Elektronik- und Energiesystem ab. Als europaweit einzigartiges Kompetenzzentrum für das Halbleitermaterial Siliziumkarbid (SiC) ist das IISB Vorreiter bei der Entwicklung hocheffizienter Leistungselektronik auch für extreme Anforderungen. Mit seinen Systemen setzt das IISB immer wieder Benchmarks in Energieeffizienz und Leistungsfähigkeit. Durch die Integration intelligenter datenbasierter Funktionalitäten werden kontinuierlich neue Anwendungsszenarien erschlossen.

Das IISB hat rund 300 Mitarbeitende. Der Hauptstandort ist in Erlangen, ein weiterer Standort befindet sich am Fraunhofer-Technologiezentrum Hochleistungsmaterialien (THM) in Freiberg. Das Institut kooperiert eng mit der Friedrich-Alexander-Universität Erlangen-Nürnberg (FAU) und ist Gründungsmitglied des Energie Campus Nürnberg (EnCN) sowie des Leistungszentrums Elektroniksysteme (LZE). In gemeinsamen Projekten und Verbänden arbeitet das IISB mit zahlreichen nationalen und internationalen Partnern zusammen.

Wissenschaftliche Ansprechpartner:

Dr. Ulrike Wunderwald

Fraunhofer-Institut für Integrierte Systeme und Bauelementetechnologie IISB

Am St. Niclas Schacht 13, 09599 Freiberg, Deutschland

Telefon +49 3731 2033 101

ulrike.wunderwald@iisb.fraunhofer.de

Originalpublikation:

A Low-Cost Al-Graphite Battery with Urea and Acetamide-Based Electrolytes: https://doi.org/10.1002/celc.202100544

Weitere Informationen:

https://www.thm.fraunhofer.de/de/schwerpunkte/aluminium-basierte_batteriesysteme... Aluminiumbasierte Batteriesysteme am Standort Fraunhofer THM

https://iolitec.de/technology/energy-cleantech/batteries IOLITEC Ionic Liquids Technologies GmbH

https://dechema-dfi.de/ALBATROS-path-115326,3254,3262.html DECHEMA Forschungsinstitut (DFI)

https://tu-freiberg.de/salts-and-minerals Technische Universität Bergakademie Freiberg

20.12.2021 Weltweit erstes Offshore-Wasserstoffspeicher-Konzept von Tractebel und Partnern entwickelt

Abbildung 9: Experten von Tractebel Overdick und Partnerunternehmen entwickelten das weltweit erste Konzept für eine dezidierte offshore Infrastruktur auf Basis von Wasserstoff-Kavernen. Bild: Tractebel Overdick

Einzigartige großtechnische Speicherlösung ebnet den Weg für die Offshore-Wasserstoff-Produktion.

Tractebel und Partnerunternehmen haben das weltweit erste Offshore-Infrastruktur- und Anlagenkonzept für die Speicherung von Wasserstoff in Offshore-Kavernen entwickelt. Die von den Offshore-Experten der Tractebel Overdick GmbH vorgestellte Konzeptstudie skizziert eine innovative Lösung für die großtechnische Wasserstoffspeicherung auf hoher See:

eine skalierbare Offshore-Plattform zur Verdichtung und Speicherung von bis zu 1,2 Millionen m³ Wasserstoff. Sie nutzt untertägige Salzkavernen als Speicher und Puffer für den offshore produzierten Wasserstoff, bevor das Gas über eine Pipeline in das Leitungsnetz an Land und schließlich zu den Verbrauchern und Abnehmern gelangt.

Deckung des Wasserstoffbedarfs der Zukunft

Grüner Wasserstoff aus Offshore-Windenergie wird zu einem wichtigen Bestandteil der globalen Energiewende, aber die derzeitigen Wasserstoffproduktionstechnologien werden nur dann einen effektiven Beitrag leisten, wenn die Produktionsleistungen einen industriellen Maßstab erreichen. Zur Deckung des künftigen H_2-Bedarfs werden enorme Mengen an Wasserstoff (H_2) aus erneuerbaren Quellen benötigt, und Offshore-Anlagen sind der Schlüssel für die Produktion im industriellen Maßstab. Tractebel hat 2019 mit der Entwicklung eines einzigartigen Offshore-Wasserstoff-Plattformkonzepts eine innovative Lösung zur Deckung dieses Bedarfs entwickelt, gefolgt von einer optimierten, skalierbaren Version im folgenden Jahr. Und nun betreten die Experten von Tractebel Neuland mit der Entwicklung des weltweit ersten Offshore-Infrastruktur- und Anlagenkonzepts für die Speicherung von Wasserstoff in Offshore-Kavernen.

Infrastruktur für die Wasserstoff-Produktion auf hoher See

Dieser Offshore-Plattformkomplex besteht aus einer sogenannten Wellhead-Plattform für den Betrieb der Kavernen und einer Reihe von Verdichterplattformen, die eine stufenweise Leistungssteigerung ermöglichen. Bei Bedarf kann die Anlage auch später noch ausgebaut werden. Die Studie geht von einer Kapazität aus, die der Umwandlung von 2 GW grünem Offshore-Windstrom in Wasserstoff entspricht. Erweiterungen und individuelle Anpassungen sind jederzeit möglich.

Solche Offshore-Verdichter- und Speicherzentren können die Flexibilität der kommenden Offshore-Wasserstoffproduktion weiter erhöhen. Sie verringern den Verdichtungsaufwand an den Elektrolyseanlagen, die sich in der Nähe oder in den Windparks befinden. Das wird die Kosten für die Offshore-Wasserstoff-Produktionsstandorte senken.

"Darüber hinaus erleichtern zentralisierte Offshore-H_2-Hubs auch die Integration der Wasserstofferzeugung in kleinerem Maßstab, wie sie zum Beispiel bei Kapazitätserweiterungen im Zuge des künftigen Re-Powering von Offshore-Windparks zu erwarten ist. Zugleich bieten sie eine wirtschaftlich attraktive und praktikable Option, da der Export- und die Verdichtung des offshore produzierten Wasserstoffs gebündelt werden kann. Das reduziert die Gesamtkosten für zukünftige Projekte erheblich", sagt Klaas Oltmann, Director Business Development bei Tractebel Overdick.

Leistungsstarke Lösung mit nachhaltigem Nebeneffekt

Die neu konzipierten Speicher- und Verdichterplattformen können 400.000 Nm^3/h Wasserstoff aufnehmen, der mit einem Druck von bis zu 180 bar in untertägigen Salzkavernen zwischengespeichert wird. Diese Speicher puffern die Produktionsspitzen, optimieren die Durchflussmengen und ermöglichen damit eine wirtschaftlichere Auslegung der Exportpipeline. Ein wichtiger Beitrag zur Nachhaltigkeit großer untertägiger Wasserstoffspeicher ist, dass bestehende Offshore-Infrastrukturen für ihren Betrieb direkt den grünen Wasserstoff anstelle anderer Energieträger verwenden können. Das trägt zur Dekarbonisierung der gesamten Offshore-Industrie bei.

Die Nordsee eignet sich aufgrund der geologischen Gegebenheiten und ihrer unterirdischen Steinsalzformationen gut für die Lösung. In diesen Formationen werden Kavernen ausgesolt, um große Speichervolumina zu schaffen. Die Studie geht von einem Gesamtspeichervolumen von bis zu 1,2 Mio. m³ als Startwert für eine effiziente Spitzenabdeckung der Offshore-H2-Produktionsraten aus. „Auch auf lange Sicht ist diese Speicherung erforderlich, denn sie wird ein essenzieller Baustein für das Gelingen der Energiewende sein", erklärt Oltmann, „Offshore-Kavernen können den produzierten erneuerbaren Strom in Form von Wasserstoff puffern und so die Abweichung zwischen den Energie-Produktions- und Bedarfsprofilen ausgleichen.

Die vorgeschlagene Größe des Offshore-Speichers ist hier lediglich ein Startpunkt."

Teamarbeit für neues Konzept

An der Konzeptstudie waren neben den Tractebel Experten für erneuerbare Energien und Offshore auch die Ingenieurteams der DEEP.KBB GmbH und PSE Engineering GmbH mit ihrer langjährigen Erfahrung als wichtiger Bestandteil involviert. Diese zukunftsorientierte Allianz von Experten ermöglichte die ganzheitliche Entwicklung des Konzepts von der Geologie bis zur Prozessausrüstung. Dieses gebündelte Know-how ist ebenfalls das Fundament für weitere Optimierungen des Offshore-Wasserstoff-Hubs und für zukünftige H_2-Projekte.

Über Tractebel

Tractebel bietet als globale Ingenieurgesellschaft bahnbrechende Lösungen für eine klimaneutrale Zukunft. Mit unserer 150-jährigen Erfahrung und lokalen Know-how entwickeln wir zukunftsorientierte Lösungen für komplexe Projekte im Bereich Energie, Wasser, nuklearer Rückbau und städtischer Infrastruktur. Unsere Gemeinschaft von 5.000 ideenreichen Fachleuten unterstützen mit Strategie, Design, Engineering und Projektmanagement Unternehmen und Behörden dabei, eine nachhaltige Welt zu erschaffen, in der die Menschen, die Erde und die Wirtschaft gemeinsam gedeihen. Mit Niederlassungen in Europa, Afrika, Asien, dem Nahen Osten und Lateinamerika erzielte das Unternehmen im letzten Jahr 2020 einen Umsatz von 581 Millionen Euro. Tractebel ist Teil der ENGIE Gruppe, einem internationalen Unternehmen für kohlenstoffarme Energie und Dienstleistungen. www.tractebel-engie.com

Über Tractebel Overdick

Tractebel Overdick ist seit mehr als 20 Jahren im Bereich der Offshore-Technologie tätig – insbesondere im Bereich der erneuerbaren Energien. Das in Hamburg ansässige Unternehmen mit rund 50 Mitarbeitern hat in den letzten zehn Jahren bei den wesentlichen Schlüsselprojekten im Off-shore-Wind-Sektor mitgewirkt. Vor allem für die Konzeption von großen Gleichstrom-Konverter-Plattformen ist das Unternehmen bekannt. Seit Oktober 2018 ist Overdick Teil der Tractebel Gruppe mit Sitz in Brüssel.

Über DEEP.KBB

Die DEEP.KBB GmbH ist eine unabhängige Ingenieurgesellschaft, die Untertage-Energiespeicher sowie Solegewinnungsanlagen im Lösungsberg-bau plant, baut und betreibt. Die Energiespeicherung in verschiedenen geologischen Strukturen wie Salzformationen, Aquiferschichten und ausgeförderten Lagerstätten ist das Fachgebiet der Experten. Alle dazu erforderlichen ingenieurtechnischen und geowissenschaftlichen Dienstleistungen zählen zum Leistungsportfolio. Mit langjähriger Erfahrung und umfangreichem Fachwissen ist das Unternehmen der richtige Ansprechpartner für die Projektkoordinierung und berät umfassend zu allen Fragen der Untergrundspeicherung.

Über PSE

PSE Engineering ist ein hochspezialisiertes Unternehmen, das sich auf Planung und Engineering für Anlagentechnik und Komponentenlieferung konzentriert. Bei der Suche nach optimalen Lösungen für die Industrie folgen die Experten einem klaren Prinzip: besser sein. Durch technologieübergreifende Aktivitäten nutzen sie immer wieder entstehende Effizienzvorteile und Technologietransfers. Die Entwicklung und Anwendung neuer Technologien im Bereich Produktion und Speicherung von Wasserstoff aber auch die Separation und langfristige sichere Verbringung von Kohlenstoffdioxid beschäftigen die Ingenieure mit viel Eifer und Tatendrang. PSE steht für ebenso anspruchsvolle wie individuelle und nachhaltige Lösungen. Handeln und Bestreben des Unternehmens ist die tägliche Suche nach der besten Lösung eines jeden Projekts. Mit diesem Anspruch realisiert PSE seit vielen Jahren national wie international erfolgreiche Projekte.

Kontakt

Tractebel Engineering GmbH

Sabine Wulf, Leiterin Communications & CSR

Friedberger Straße 173

D-61118 Bad Vilbel

Tel.: +49 6101 55-0

info-de@tractebel.engie.com

06.01.2022 Kernfusion durch künstliche Blitze: Fusionsprozesse lassen sich durch gepulste elektrische Felder anstoßen

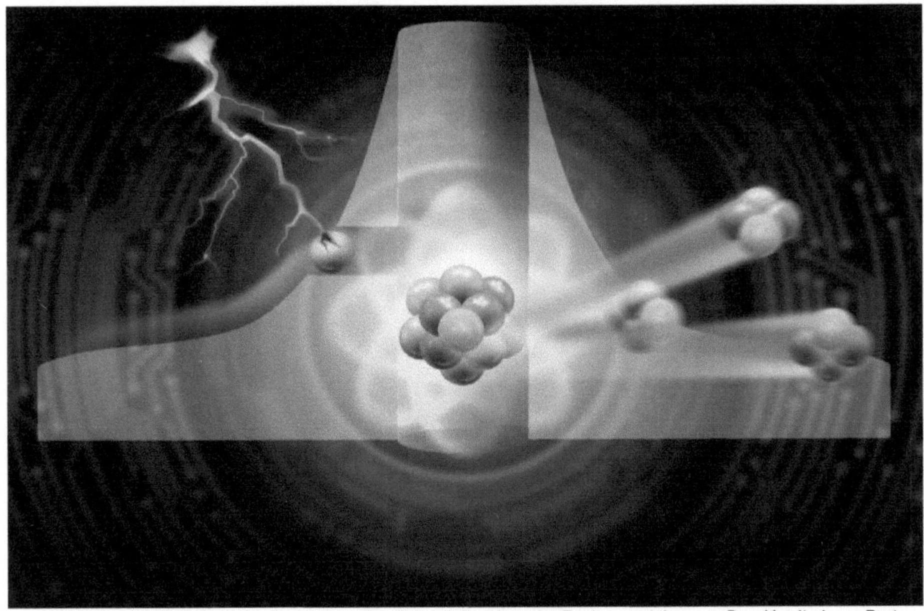

Abbildung 10: Künstlerische Darstellung der Potentialbarriere der Fusionsreaktion von Bor-11 mit einem Proton, bei der drei Alphateilchen als Reaktionsprodukte entstehen. Das Tunneln des Protons kann dabei durch gepulste elektrische Felder verstärkt werden.

Simon Schmitt Kommunikation und Medien

Helmholtz-Zentrum Dresden-Rossendorf

Gepulste elektrische Felder, die zum Beispiel durch Blitzeinschläge verursacht werden, machen sich als Spannungsspitzen bemerkbar und stellen eine zerstörerische Gefahr für elektronische Bauteile dar. Sie richten beträchtlichen Schaden an. Ein Team vom Helmholtz-Zentrum Dresden-Rossendorf (HZDR) hat jetzt herausgefunden, dass solche Spannungsspitzen durchaus nützliche Eigenschaften haben können. In der Fachzeitschrift Physical Review Research (DOI: 10.1103/PhysRevResearch.3.033153) berichten die Wissenschaftler, wie sich zum Beispiel Kernfusionsprozesse durch extrem starke und schnelle gepulste elektrische Felder deutlich verstärken lassen.

Kernfusionen, wie sie beispielsweise in der Sonne stattfinden, werden durch den quanten-mechanischen Tunneleffekt ermöglicht. „Eine Folge des Tunneleffekts ist es, dass gleichartig geladene Teilchen ihre gegenseitige Abstoßung überwinden können, auch wenn ihre Energie dafür eigentlich gar nicht ausreicht – zumindest nicht nach den Gesetzen der klassischen Mechanik", sagt Prof. Ralf Schützhold, Leiter der Abteilung Theoretische Physik am HZDR, und fährt fort: „So etwas können wir zum Beispiel bei der Verschmelzung zweier leichter Atomkerne beobachten: Je stärker sich ein Kern dem anderen nähert, desto größer wird die Abstoßung, die wir uns bildlich als einen sich vor dem Kern auftürmenden Berg vorstellen können, die sogenannte Potentialbarriere. Anstatt den energieaufwändigeren Weg über den Gipfel zu nehmen, erlauben die Gesetze der Quantenmechanik, dass der Kern energetisch deutlich günstiger geradewegs durch diesen Berg dringt beziehungsweise ,hindurchtunnelt' – und schließlich fusionieren kann."

Obwohl der Tunneleffekt in vielen Bereichen der Physik eine wichtige Rolle spielt und erstmals bereits vor fast einhundert Jahren beschrieben wurde, ist unser Verständnis des Vorgangs auch heute noch lückenhaft. „Verschiedene Facetten des Einflusses elektrischer Felder auf Tunnelprozesse waren schon bekannt. So können elektrische Felder die Teilchen zusätzlich beschleunigen und dadurch zu mehr Energie verhelfen. Außerdem können sie die Potentialbarriere deformieren und auf diesem Weg die Tunnelwahrscheinlichkeit erhöhen", umreißt Dr. Christian Kohlfürst die Situation zu Beginn ihrer Forschungen.

Sein Kollege Dr. Friedemann Queisser bringt ihre Ergebnisse kurz auf den Punkt: „Unsere Berechnungen zeigen jetzt erstmals eine Besonderheit von gepulsten, sich zeitlich schnell verändernden elektrischen Feldern: Sie können dafür sorgen, dass die Teilchen, bildlich gesprochen, aus der Potentialbarriere herausgeschubst werden und so leichter tunneln." Das zeigen die Rechnungen des Teams vom HZDR ganz konkret an verschiedenen Beispielen, unter anderem auch an einer für eine mögliche Energieerzeugung interessanten Fusionsreaktion: der Verschmelzung eines Protons mit dem Isotop Bor-11.

Fusionsreaktion mit Vorteilen

Sie ist vor allem aufgrund des relativ leicht verfügbaren Brennstoffs interessant. Dabei entstehen drei jeweils zweifach positiv geladene Alphateilchen. Bemerkenswert an dieser Reaktion: Die Energie wird in Form geladener Teilchen freigesetzt und nicht als Neutronenstrahlung wie bei den derzeit bekanntesten Fusionsreaktionen. Das hat Vorteile: Zum einen würden die Probleme, die mit dem Neutronenfluss verbunden sind, deutlich reduziert, wie etwa die Gefahren im Umgang mit ionisierender Strahlung. Zum anderen kann die Energie geladener Teilchen direkt und damit viel einfacher in Elektrizität umgewandelt werden.

Die für die Nutzung der Reaktion erforderlichen Bedingungen sind jedoch noch extremer als die der im aktuellen Fusionsreaktor-Experiment ITER favorisierten Deuterium-Tritium-Fusion. Die Zündung der Proton-Bor-Reaktion ist im Vergleich dazu schwieriger, die Wissenschaft sucht noch nach gangbaren Wegen. Das Team um Schützhold zeigt nun eine Möglichkeit auf: „Unseren Berechnungen zufolge kann ein hinreichend schnelles und starkes gepulstes elektrisches Feld nicht nur die Deuterium-Tritium-Fusion, sondern auch die Proton-Bor-Reaktion deutlich verstärken."

Die Erzeugung solcher Felder ist jedoch sehr schwierig. „Wir können uns das prinzipiell wie bei einem Gewitter vorstellen, bei dem sich die in riesigen Wolkenformationen gespeicherte Energie in kürzester Zeit und auf engstem Raum in der Form eines Blitzschlags entlädt. Weltweit sind Anlagen im Bau oder in Planung, die immer höhere Energien auf immer kürzere Zeitspannen und immer kleinere Raumbereiche konzentrieren sollen", sagt Schützhold. Leider sind die heute verfügbaren Anlagen noch nicht ganz in der Lage, derartig schnelle und starke „künstliche Blitze" zu erzeugen.

Es gibt aber einen möglichen Ausweg: So kann das elektrische Feld eines schnell und vor allem dicht am Proton vorbeifliegenden Alphateilchens wie ein solches gepulstes elektrisches Feld wirken und so stark zustoßen, dass das Proton die Potentialbarriere von Bor-11 durchtunneln und die Fusionsreaktion auslösen kann. Alphateilchen mit der dafür notwendigen Pulsenergie werden bei der Proton-Bor-Reaktion tatsächlich erzeugt, können aber auch von außen eingeschossen werden.

Publikation:

C. Kohlfürst, F. Queisser, R. Schützhold: Dynamically assisted tunneling in the impulse regime, in Physical Review Research, 2021 (DOI: 10.1103/PhysRevResearch.3.033153)

Weitere Informationen:

Prof. Ralf Schützhold | Direktor

Abteilung für Theoretische Physik am HZDR

Tel: +49 351 260 3618 | E-Mail: r.schuetzhold@hzdr.de

https://www.hzdr.de/presse/artificial_lightning_nuclear_fusion

27.01.2022 Klimaneutrale Antriebe: MAMotec Wasserstoffmotoren jetzt verfügbar

Abbildung 11: MAH Motor ©mamotec

Der deutsche Gasmotorspezialisten MAMotec liefert ab sofort vier neue Modellvarianten der wasserstoffbetriebenen Turbo-Motoren

Kuppenheim, 27. Januar 2022 – MAMotec liefert jetzt seine neuen wasserstoffbetriebenen hydroGEN Drei-, Vier- und Sechszylindermotoren in den Leistungsklassen zwischen 38 und 100 Kilowatt aus. Damit ist MAMotec einer der ersten Motorenhersteller, der die Entwicklung der Wasserstoff-Motorentechnologie für das industrielle Umfeld mit hoher Standfestigkeit und Langlebigkeit zur Serienreife gebracht hat und die Motoren unter dem Motto „Zero Emission" am Markt anbietet. Mit der neuen Antriebsgeneration unterschreiten Anwender und Anlagenbauer alle bis dato geltenden gesetzlichen Emissionsgrenzen deutlich und tragen aktiv zur Energiewende in der Industrie und zur Senkung der Schadstoffe durch Verbrennungsmotoren bei.

Die vier Wasserstoffmotoren sind eine Neuentwicklung, die auf Basis der bestehenden Plattformen der Erdgas- und Biogasmotoren aufgebaut wurden. Neben den speziellen mechanischen und thermischen Anpassungen an den H2-Kraftstoff, hat MAMotec auch die Steuerung für Treibstoff- und Gemisch inklusive einer komplett integrierten Motor- und Sensorsteuerung neu entwickelt. Durch die Integration digitaler Sensordaten in einer zentralen Motorsteuereinheit der Firma trijekt lassen sich die Motoren jederzeit für unterschiedliche Anwendungen und Umgebungen optimal anpassen und betreiben.

Anwendungsgebiete und Motorvarianten

Die vier Wasserstoffmotoren eignen sich insbesondere für klimaneutrale Anwendungen. Zu den Haupteinsatzgebieten gehören beispielsweise die laufende Energieversorgung (BHKW), die Notstromversorgung in kritischen Infrastrukturen oder der Einsatz in weiteren stationären oder mobilen Anwendungen wie Pumpstationen, Kompressoraggregaten, Baugeräten, Maschinen oder Bereichen im maritimen Umfeld.

Derzeit stehen vier Leistungsvarianten der Wasserstoffmotoren zur Verfügung. Der kleinste Motor ist der Dreizylinder MAH 33.3 TI mit 3,3 Litern Hubraum und bis zu 38 kW Leistung bei 1.500 Umdrehungen pro Minute (U/min). Der Vierzylindermotor MAH 49.4 TI mit 4,9 Litern Hubraum und einer Leistung von bis zu 56 kW bei 1.500 U/min ist die nächstgrößere Variante. Die beiden Sechszylindermotoren MAH 74.6 TI und MAH 84,6 TI mit 7,4 und 8,4 Litern Hubraum leisten bis zu 85 beziehungsweise 100 kW bei 1.500 U/min. Sowohl die Drehzahl als auch die Leistung sind über die zentrale trijekt-Motorsteuereinheit schnell und einfach an die für die Anwendung gewünschten Werte konfigurierbar.

MAMotec ist Entwickler und Anbieter schadstoffarmer und robuster Gasmotoren für den Antrieb stationärer und industrieller Anwendungen. Das Produktportfolio umfasst Motoren für Wasserstoff, Erdgas, Biomethan, Biogas und Holzgas von 26 kW bis 200kW. Die speziell für die Anwendung mit Erd- und Sondergas entwickelten Gasmotoren zeichnen sich durch größte Zuverlässigkeit, lange Wartungsintervalle und höchste Energieeffizienz aus. MAMotec ist ein privatgeführtes deutsches Unternehmen und hat seinen Hauptsitz im badischen Kuppenheim. Hier finden Entwicklung, Produktion und der Vertrieb statt, um Kunden in Europa mit innovativer Antriebstechnologie auszurüsten. Dabei kooperiert das Unternehmen unter anderem mit einer der größten Hochschulen für angewandte Wissenschaften in Baden-Württemberg.

Firmenkontakt

MAMotec GmbH

Ilona Braunagel

Fritz-Minhardt-Straße 1

76456 Kuppenheim

+49(0)7222 / 50610 51

Ilona.Braunagel@mamotec-online.de

https://www.mamotec-online.de

09.02.2022 Fusionsanlage JET stellt neuen Energie-Weltrekord auf

Abbildung 12: Jet-Innenraum mit darübergelegter Plasmaaufnahme. Foto: UKAEA

Frank Fleschner Öffentlichkeitsarbeit

Max-Planck-Institut für Plasmaphysik

Europäisches Gemeinschaftsexperiment bereitet Übergang zum Großprojekt ITER vor

Auf dem Weg zur Energieerzeugung durch Fusionsplasmen haben europäische Wissenschaftler und Wissenschaftlerinnen einen wichtigen Erfolg erzielt: In der weltgrößten Fusionsanlage JET im britischen Culham bei Oxford erzeugten sie stabile Plasmen mit 59 Megajoule Energieausbeute. Das Team, zu dem auch Forschende des Max-Planck-Instituts für Plasmaphysik (IPP) gehören, nutzte dabei den Brennstoff künftiger Fusionskraftwerke. Es waren weltweit die ersten Experimente dieser Art seit mehr als 20 Jahren.

Fusionskraftwerke sollen nach dem Vorbild der Sonne die Wasserstoff-Isotope Deuterium und Tritium verschmelzen und dabei große Energiemengen freisetzen. Die einzige Anlage weltweit, die derzeit mit einem solchen Brennstoff arbeiten kann, ist das europäische Gemeinschaftsprojekt JET, der Joint European Torus im britischen Culham bei Oxford. Die letzten Experimente mit dem Brennstoff künftiger Fusionskraftwerke liefen dort allerdings bereits 1997. Weil Tritium ein sehr selten vorkommender Rohstoff ist, der zudem besondere Anforderungen bei der Handhabung stellt, nutzen Forschungsteams ansonsten meist Wasserstoff oder Deuterium für Plasmaversuche. In späteren Kraftwerken soll Tritium während der Energieerzeugung quasi nebenbei aus Lithium gebildet werden.

Experimente mit Deuterium-Tritium-Gemischen als Vorbereitung auf ITER

„Die Physik in Fusionsplasmen können wir sehr gut erforschen, indem wir mit Wasserstoff oder Deuterium arbeiten, deshalb ist das der Standard weltweit", erklärt Dr. Athina Kappatou vom IPP, die mit ihren IPP-Kollegen Dr. Philip Schneider und Dr. Jörg Hobirk wesentliche Teile der europäischen Gemeinschaftsexperimente am JET leitete. „Für den Übergang zum internationalen Fusionsgroßexperiment ITER ist es allerdings wichtig, dass wir uns auf die dort herrschenden Bedingungen vorbereiten." ITER wird derzeit im südfranzösischen Cadarache gebaut und soll unter Einsatz von Deuterium-Tritium-Brennstoff zehnmal soviel Energie freisetzen können, wie an Heizenergie ins Plasma eingespeist wird.

Um das JET-Experiment möglichst nahe an künftige ITER-Bedingungen zu bringen, wurde von 2009 bis 2011 bereits die frühere Kohlenstoff-Auskleidung des Plasmagefäßes durch eine Mischung aus Beryllium und Wolfram ersetzt, wie sie auch bei ITER geplant ist. Das Metall Wolfram ist widerstandsfähiger als Kohlenstoff, der überdies zu viel Wasserstoff einlagert. Allerdings stellt die nun metallische Wand neue Anforderungen an die Qualität der Plasmasteuerung. Die jetzigen Experimente zeigen die Erfolge der

Forscher und Forscherinnen: Bei Temperaturen, die zehnmal höher sind als diejenigen im Zentrum der Sonne wurden Rekordwerte an erzeugter Fusionsenergie erreicht.

Weltrekord unter ITER-ähnlichen Bedingungen

Vor dem Einbau der metallischen Wand hatte JET 1997 den bis dato geltenden Energieweltrekord erreicht: Das Fusionsplasma erzeugte damals eine Energiemenge von 22 Megajoule. „In den jüngsten Experimenten wollten wir beweisen, dass wir sogar unter ITER-ähnlichen Bedingungen deutlich mehr Energie erzeugen können", erklärt die IPP-Physikerin Dr. Kappatou. Mehrere hundert Wissenschaftler und Wissenschaftlerinnen waren an der jahrelangen Vorbereitung der Versuche beteiligt. Mit theoretischen Methoden berechneten sie vorab, mit welchen Parametern sie das Plasma erzeugen mussten, um ihre Ziele zu erreichen. Die Experimente bestätigten Ende 2021 die Voraussagen und lieferten einen neuen Weltrekord: JET erzeugte mit Deuterium-Tritium-Brennstoff stabile Plasmen, die eine Energie von 59 Megajoule freisetzten.

Um Netto-Energie zu gewinnen – also mehr Energie freizusetzen, als die Heizungen liefern–, ist die experimentelle Anlage zu klein. Dies wird erst mit dem größer dimensionierten Experiment ITER in Südfrankreich möglich sein. „Die jüngsten Experimente im JET sind ein wichtiger Schritt hin zu ITER", urteilt Prof. Sibylle Günter, wissenschaftliche Direktorin des Max-Planck-Instituts für Plasmaphysik. „Was wir in den vergangenen Monaten gelernt haben, wird es uns erleichtern, Experimente mit Fusionsplasmen zu planen, die wesentlich mehr Energie erzeugen als für ihre Heizung benötigt wird."

Hintergrund: Megawatt versus Megajoule

Beim jüngsten Rekordexperiment setzten die Fusionsreaktionen in JET während einer fünf Sekunden langen Phase einer Plasmaentladung insgesamt 59 Megajoule an Energie in Form von Neutronen frei. In der Einheit Leistung (Energie pro Zeit) ausgedrückt, erreichte JET eine Leistung von etwas mehr als 11 Megawatt im Durchschnitt über fünf Sekunden. Der bisherige Energierekord aus dem Jahr 1997 lag bei knapp 22 Megajoule

Gesamtenergie und 4,4 Megawatt Leistung im Durchschnitt über fünf Sekunden.

Kontakt:

Frank Fleschner

Pressesprecher

Max-Planck-Institut für Plasmaphysik (IPP)

Garching bei München

Telefon: 089/3299–1317

E-Mail: press@ipp.mpg.de

14.04.2022 Weltrekord in der Solarzellenforschung

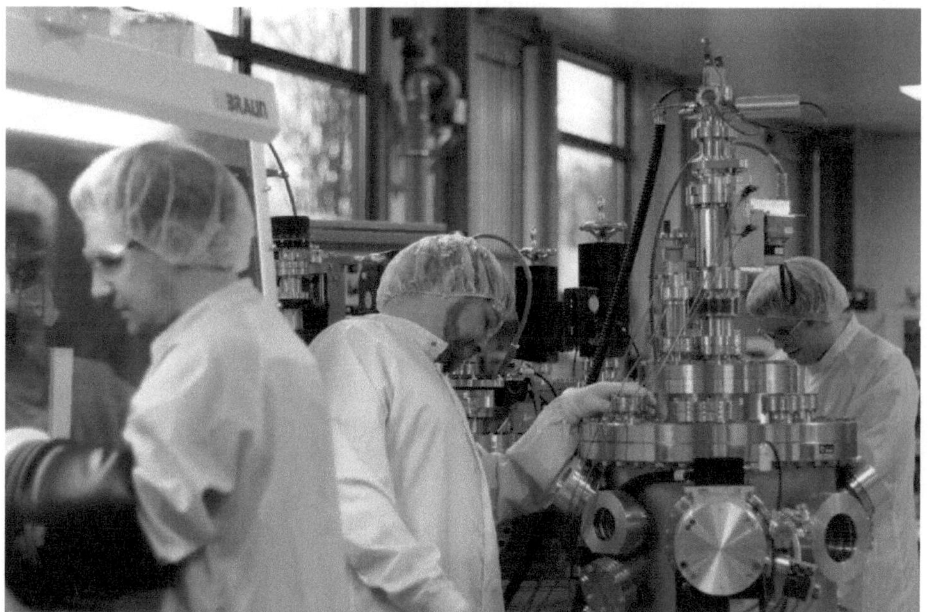

Abbildung 13: Solarzellenherstellung im Reinraumlabor des Lehrstuhls für Elektronische Bauelemente. Foto: Cedric Kreusel

Marylen Reschop Pressestelle

Bergische Universität Wuppertal

Solarzellen noch besser machen, damit sie einen entscheidenden Beitrag im Rahmen der Energiewende leisten – dieses Ziel verfolgen Forscher der Bergischen Universität Wuppertal am Lehrstuhl für Elektronische Bauelemente. Nun gelang ihnen ein Durchbruch mit Weltrekord. Ihre Arbeiten dazu wurden kürzlich in der renommierten Fachzeitschrift Nature veröffentlicht.

Herkömmliche Solarzellentechnologien basieren überwiegend auf dem Halbleiter Silizium und gelten inzwischen als so gut wie „ausoptimiert": Signifikante Verbesserungen ihres Wirkungsgrades – das heißt mehr Watt elektrischer Leistung pro Watt eingesammelter Sonnenleistung – sind kaum noch zu erwarten. Vor diesem Hintergrund ist die Entwicklung neuer Solartechnologien mit höherem Leistungspotenzial dringend erforderlich, um somit auch im Kontext der Energiewende einen entscheidenden Beitrag zu leisten.

Geringerer Material- und Energiebedarf

„Anstelle von Silizium nutzen wir sowohl organische Materialien als auch neuartige Perowskit-Halbleiter. Beide Technologien haben in den letzten Jahren eine rasante Entwicklung erfahren und ihre Wirkungsgrade können inzwischen schon mit Silizium mithalten. Der gleichzeitig bedeutend geringere Material- und Energiebedarf bei der Herstellung lässt diese Technologien auch unter dem Aspekt der Nachhaltigkeit sehr vielversprechend erscheinen", erklärt Prof. Dr. Thomas Riedl, Leiter des Lehrstuhls für Elektronische Bauelemente an der Bergischen Universität und Direktor des dortigen Wuppertal Center for Smart Materials & Systems. Doktorand Kai Brinkmann ergänzt: „Richtig spannend wird es, wenn organische und Perowskit-Solarzellen sozusagen im Tandem antreten."

Zu Projektbeginn hatten die besten Perowskit/Organik-Tandemzellen weltweit einen Wirkungsgrad von 20 Prozent. Gemeinsam mit ihren Partnern von den Universitäten Köln, Potsdam und Tübingen sowie des Helmholtz-Zentrums Berlin und des Max-Planck-Instituts für Eisenforschung in Düsseldorf schafften es die Wuppertaler Wissenschaftler nun auf einen Wirkungsgrad von 24 Prozent – Weltrekord! „Unsere Partner haben mit ihrer vielfältigen Expertise zahlreiche Steine aus dem Weg geräumt, sodass wir dieses Ergebnis erzielen konnten", so Prof. Riedl. Besonders hervorzuheben sei hierbei die enge Zusammenarbeit und die Förderung im Rahmen des Schwerpunktprogramms der Deutschen Forschungsgemeinschaft zu Perowskit-Halbleitern (SPP2196).

Tandemzellen als Schlüssel zum Erfolg

Was macht die Tandemzellen so erfolgreich? Kai Brinkmann erläutert: „Dazu muss man sich daran erinnern, dass Sonnenlicht aus verschiedenen Spektralanteilen, sprich Farben, besteht. Man kennt das unter anderem vom Regenbogen, bei dem das weiße Sonnenlicht in seine Spektralanteile zerlegt wird – vom energiearmen roten bis zum energiereichen violetten Anteil." Eine grundlegende Limitierung von Solarzellen sei es nun, dass entweder nur ein geringer Spektralanteil des Sonnenlichtes absorbiert wird oder aber ein großer Anteil der absorbierten Lichtenergie in Wärme und nicht in elektrische Energie umgewandelt wird.

Tandemzellen, in denen z. B. zwei unterschiedliche Solarzellen in Reihe betrieben werden, bieten einen Ausweg aus diesem Dilemma. „Der Schlüssel zum Erfolg liegt im sogenannten Interconnect, der beide Solarzellen elektrisch und optisch miteinander verbindet. Dabei gilt: Je dünner der Interconnect, desto besser", erklärt Tim Becker, ebenfalls Doktorand am Lehrstuhl von Prof. Riedl und spezialisiert auf derartige Interconnects. „Um Verluste so gering wie möglich zu halten, nutzen wir zur Kopplung eine ultra-dünne Schicht aus Indiumoxid, die mit nur 1,5 Nanometern so dünn ist, dass man jedem einzelnen Atom darin schon beinahe einen eigenen Vornamen geben könnte", so Becker. Möglich wird das durch die sogenannte Atomlagenabscheidung, eine Beschichtungstechnologie, die am Lehrstuhl für Elektronische Bauelemente schon seit Jahren erforscht und weiterentwickelt wird.

Noch mehr Potenzial

Simulationen der Wuppertaler Arbeitsgruppe zeigen, dass durch ihr Konzept Tandemzellen mit einem Wirkungsgrad jenseits der 30 Prozent durchaus erreichbar sind – Wirkungsgrade, die man ansonsten bislang nur bei Solarzellen findet, die in der Weltraumforschung zum Einsatz kommen, beispielsweise bei der Mars-Drohne ‚Ingenuity'. Prof. Riedl: „Für Space-Anwendungen stehen Effizienz und geringes Gewicht an erster Stelle – Kosten spielen nur eine untergeordnete Rolle. Unsere Arbeit trägt dazu bei, dass Solarzellen in Zukunft mit ähnlich hohen Wirkungsgraden, jedoch zu einem

Bruchteil der Kosten, auch für Anwendungen auf der Erde verfügbar werden."

Wissenschaftliche Ansprechpartner:

Prof. Dr. Thomas Riedl

Lehrstuhl für Elektronische Bauelemente und

Wuppertal Center for Smart Materials & Systems

E-Mail t.riedl@uni-wuppertal.de

Weitere Informationen:

https://www.nature.com/articles/s41586-022-04455-0/

19.04.2022 Elektra Solar und TQ setzen neue Maßstäbe für klimaneutrales Fliegen

Das CO2-neutral betreibbare Ultraleichtflugzeug Elektra Trainer ist das weltweit erste voll elektrische Flugzeug mit einer Reichweite von 300 Kilometern und Betriebskosten von nur 60 Euro pro Flugstunde

Seefeld, 19. April 2022: Klimaneutralität ist der zentrale Punkt, wenn es um die Zukunft der Luftfahrt geht. Die Firma Elektra Solar aus dem oberbayerischen Landsberg bringt mit dem Elektra Trainer jetzt ein elektrisches Ultraleichtflugzeug auf den Markt, das sich komplett CO2-neutral betreiben lässt. Und damit noch nicht genug: Das visionäre E-Flugzeug wartet zudem mit einer konkurrenzlosen Reichweite von 300 Kilometern sowie unschlagbar niedrigen Betriebskosten von nur 60 Euro pro Flugstunde auf. Für die Realisierung dieses revolutionären Projekts hat sich Elektra Solar die TQ-Group, einen der führenden deutschen Technologie-Dienstleister und Elektronik-Spezialisten, mit an Bord geholt.

Der völlig CO2-neutral betreibbare Elektra Trainer wird vom 27. bis 30. April 2022 auf der internationalen Luftfahrt-Fachmesse AERO in Friedrichshafen erstmals der breiten Öffentlichkeit vorgestellt, seine offizielle Zulassung erfolgt bis Ende des Jahres. Zu sehen ist das innovative Ultraleichtflugzeug in Halle A7 am Stand A7-403. Mit seinem neuen, revolutionären E-Flugzeug richtet sich Elektra Solar nicht nur an Flugschulen, sondern auch an Flugsportvereine. Bei beiden Zielgruppen punktet der Elektra Trainer mit vielen Vorteilen.

Reichweite von 300 km, dezentrale Ladestruktur und CO2-neutral betreibbar

So ist der Elektra Trainer bis dato das einzige Elektro-Flugzeug seiner Klasse, das eine Reichweite von 300 Kilometern bieten kann. Für die Flugausbildung ist diese hohe Betriebs-Endurance elementar wichtig, denn hier müssen Navigationsflüge von 150 Kilometern Strecke absolviert werden.

Diese sicher abfliegen zu können ohne Gefahr zu laufen, zwischenlanden zu müssen, weil die Batterie leer ist, das ist ein unschlagbarer USP.

Doch nicht nur die hohe Reichweite und mögliche Flugzeit von bis zu 2,5 Stunden sind beim Elektra Trainer einzigartig. Das Flugzeug wartet mit noch deutlich mehr Alleinstellungsmerkmalen auf – das wichtigste: Der Elektra Trainer lässt sich komplett mit Sonnenenergie und damit CO_2-neutral betreiben. Das Flugzeug verfügt dazu über ein mobiles und nur 20 Kilogramm schweres Ladegerät, das seine Energie aus Solarzellen bezieht, aber auch problemlos im Flugzeug mitgenommen und über jede normale Steckdose geladen werden kann. Ein Riesenvorteil, der den Trainer infrastruktur-unabhängig macht – Flugschulen, Vereine oder Flughäfen müssen also keine Ladesäulen bereithalten.

Extrem leiser Flugbetrieb und besonders niedrige Betriebskosten

Ein weiterer Vorteil ist der besonders leise Flugbetrieb, den der Elektra Trainer dank seines elektrischen Antriebs, aber auch aufgrund seiner speziellen Propellertechnik mit nur 1600 Umdrehungen pro Minute ermöglicht. Das erleichtert es, Start- und Landegenehmigungen zu bekommen – auch am Abend und an Wochenenden. Darüber hinaus punktet der Elektra Trainer mit einer besonders komfortablen Kabine und ist auch was die Betriebskosten anbelangt, konkurrenzlos. Dank seiner ausgefeilten aerodynamischen und technologischen Eigenschaften belastet der Trainer seine Batterie deutlich weniger als andere elektrische Ultraleichtflugzeuge. Insgesamt gerechnet kommt der Trainer auf Betriebskosten von nur 60 Euro pro Flugstunde. Ein weiterer Kostenvorteil: Die Besitzer des Trainers sparen sich mögliche Hangarkosten, da sich das Flugzeug von einer Einzelperson aus dem Anhänger heraus binnen nur einer halben Stunde montieren lässt.

Hohe Sicherheitsstandards und redundante Systeme auf Verkehrsflugstandard

Ein digitales Monitoring sämtlicher Flugbedingungen und -parameter ermöglicht eine komplette Elektronikprüfung vor jedem Flug und schafft darüber hinaus die Voraussetzung für eventuell nötige Korrekturen, bevor es überhaupt zu einem Wartungsfall kommen kann (Predictive Maintenance). Ein weiterer, sicherheitsrelevanter Vorteil des Flugzeugs sind seine doppel-redundanten Antriebs- und Steuerungssysteme, die ein Weiterfliegen auch bei einem Systemausfall ermöglichen. Diesen Standard gibt es sonst nur im Verkehrsflugbetrieb.

Die Vorteile des Elektra Trainer auf einen Blick

– Einzigartige Reichweite von 300km und mögliche Flugzeitdauer von 2,5 Stunden
– Klimaneutrales Fliegen: komplett über Solarzellen + Speicher betreibbar
– Konkurrenzlos niedrige Betriebskosten: 60 Euro pro Flugstunde
– Mobiles Ladegerät für autarken Flugbetrieb: an normaler Steckdose aufladbar
– Sicherheitsstandards und Redundanz wie bei normalen Linienflugzeugen
– Höherer Komfort in der Kabine als bei vergleichbaren Modellen
– Extrem leise im Flugbetrieb: wichtiger Faktor für Flugerlaubnis

Firmenkontakt
TQ-Group
Michael Horky
Mühlstrasse 2
82229 Seefeld
+49 8153 9308-0
michael.horky@tq-group.com
http://www.tq-group.com

02.05.2022 Referenzfabrik.H2 – Elektrolyseur- und Brennstoffzellenproduktion der Zukunft

Abbildung 14: Die Referenzfabrik.H2 ist ein Produktionssystem, das auf physischen und virtuellen Komponenten beruht. © Fraunhofer IWU

Britta Widmann Kommunikation

Fraunhofer-Gesellschaft

Wasserstoff ist ein Schlüsselelement der Energiewende. Damit sich Wasserstoff als Energieträger flächendeckend durchsetzen kann, gilt es ihn zu marktwirtschaftlichen Preisen, in ausreichender Menge und klimaneutral herzustellen und mit hoher CO_2-Minderungsquote zu verwenden. Dafür sind kostengünstige, robuste Wasserstoffsysteme – Elektrolyseur und Brennstoffzelle – erforderlich. Um diese zukünftig in industrieller Serie zu produzieren, stellt die »Referenzfabrik.H2« sowohl ein Design zur Orientierung als auch einen Baukasten mit neuen sowie spezifisch weiterentwickelten Technologien bereit. Die Referenzfabrik.H2 wird erstmalig auf der Hannover Messe 2022 in Halle 5, Stand A06 präsentiert.

Um die Ziele des Pariser Klimaabkommens zu erreichen, muss in Zukunft weitgehend auf Öl, Gas und Kohle verzichtet und auf erneuerbare Energien umgestellt werden. Für deren Speicherung und flächendeckende Verteilung ist Wasserstoff als Energieträger ein Schlüsselelement. Doch Wasserstoff kann noch mehr: Er verkörpert die einmalige Chance, Energiebereitstellung, Klimaschutz und Wertschöpfung zu vereinen. So spielt er eine zentrale Rolle bei der Senkung der CO_2-Emissionen und bietet gleichzeitig ein nachhaltiges und zukunftsfähiges Geschäftsfeld für den Produktionsstandort Deutschland.

Für die klimaneutrale Herstellung von Wasserstoff sind Elektrolyseure notwendig. In ihnen wird Wasser mit Strom aus Wind oder Sonne in Wasserstoff und Sauerstoff gespalten. Der dabei entstehende grüne Wasserstoff kann verschiedenen Nutzungspfaden zugeführt werden: Er kann entweder in der Prozessindustrie als nachhaltiger Rohstoff weiterverarbeitet oder mit Hilfe von Brennstoffzellen rückverstromt werden. Doch sowohl Elektrolyseur als auch Brennstoffzelle werden bislang wenig automatisiert in kleinen Stückzahlen und zu hohen Kosten hergestellt. Hier liegt das Potenzial für Wissenschaft und Industrie die Produktion von Wasserstoffsystemen in ein neues Zeitalter effizienter industrieller Massenproduktion zu bringen.

Damit dieser Schritt gelingt, müssen bestehende Produktionstechnologien analysiert und hinsichtlich ihres Einsatzes für eine qualitätsgerechte Serienfertigung von Elektrolyseuren und Brennstoffzellen bewertet werden. Zudem braucht es neue kontinuierliche Verfahren und Anlagen, die auf eine massentaugliche Produktion ausgerichtet sind. Nur so lässt sich der Produktionsaufwand substanziell reduzieren und schließlich eine Kostenparität von Wasserstoff und fossilen Energieträgern herstellen.

In der aktuellen Phase der hohen technologischen Variabilität und des beginnenden (Elektrolyseur) bzw. für die 2030er Jahre adressierten Markthochlaufs (Brennstoffzelle) braucht die deutsche Industrie eine produktionstechnische Orientierung. Nur so wird es für Unternehmen sinnvoll sein, frühzeitig in dieses Geschäftsfeld zu investieren, um es nachhaltig zu gestalten und sich im internationalen Wettbewerb langfristig erfolgreich zu positionieren. Zur Gewährleistung dieser Orientierung und Unterstützung wurde die Referenzfabrik.H2 für eine flexible, sich dynamisch anpassende, stückzahlskalierbare Serienproduktion von Wasserstoffsystemen konzipiert. Das

Konzept ist durch die direkten Partizipationsmöglichkeiten der Industrie einzigartig. Unternehmen können nicht nur Nutzer der Services, sondern auch Partner der Referenzfabrik.H2 sein.

Hybrides Produktionssystem beschleunigt Transfer in die Industrie

Die Referenzfabrik.H2 ist ein Produktionssystem, das auf physischen und virtuellen Komponenten beruht. Darin werden ein Referenzdesign und neue Technologielösungen geschaffen bzw. bestehende optimiert. Parallel werden digitale Zwillinge von den Produktionselementen entwickelt und in einer virtuellen Architektur verankert. Dadurch entsteht ein Baukasten von Technologien, die verglichen und flexibel zu Prozessketten kombiniert werden. »So können regionale Kompetenzen und Infrastrukturen besser genutzt und die Industrie stärker bei der Entwicklung eingebunden werden. Dies beschleunigt den Transfer der Lösungen in die Industrie«, sagt Dr. Ulrike Beyer, Leiterin der Wasserstoff-Taskforce am Fraunhofer-Institut für Werkzeugmaschinen und Umformtechnik IWU und Koordinatorin des Projekts. »Im Prinzip bauen wir eine B2B-Plattform auf, in dem wir die Kernkompetenzen der Fraunhofer-Institute und der beteiligten Partner zu einer hoch effektiven Wertschöpfungskette für Wasserstoffsysteme fusionieren und somit potenziellen Interessenten einen ganzheitlichen Überblick zu den wirtschaftlichen Chancen verschaffen«, so Beyer. Die virtuellen Abbilder bieten den Forschungsteams die Möglichkeit, die Vernetzung neuer Produktionsverfahren und -anlagen zu simulieren und bereits am Rechner im Detail zu prüfen, zu vergleichen und so die geeigneten Materialien, Werkzeuge und Anlagen für eine effektive Fertigung auszuwählen. Auf diese Weise lassen sich Gesamtzusammenhänge bis hin zu kompletten Prozessketten übersichtlich darstellen und die bei der Fertigung der Wasserstoffsysteme entstehenden Kosten bewerten.

Geplant ist, der deutschen Industrie ab dem dritten Quartal dieses Jahres Services und konkrete Formen der Beteiligung an der Referenzfabrik.H2 anzubieten. Gemeinsames Ziel wird sein: Produktionstechnologien und -anlagen für die kostengünstige Serienfertigung von Brennstoffzelle und Elektrolyseur zu entwickeln, die den Markthochlauf ab 2025 substanziell unterstützen.

Die Referenzfabrik.H2 wurde vom Fraunhofer IWU in Chemnitz konzeptioniert und wird gemeinsam mit dem Fraunhofer-Institut für Produktionstechnologie IPT in Aachen betrieben. Eingebunden werden auch die Forschungsinhalte des Fraunhofer-Instituts für Elektronische Nanosysteme ENAS in Chemnitz und des Fraunhofer-Instituts für Produktionstechnik und Automatisierung IPA in Stuttgart. Das Konzept der Referenzfabrik.H2 ist außerdem ein wesentliches Element des Verbunds »FRHY – Referenzfabrik für hochratenfähige Elektrolyseurproduktion« des Wasserstoff-Leitprojekts des Fraunhofer-Konzepts »H2GO – Nationaler Aktionsplan Brennstoffzellen-Produktion«, in dem 14 weitere Fraunhofer-Institute involviert sind.

Chance Wasserstoffsystem-Produktion

»Herzstück der Wasserstoffsysteme ist der Stack, in dem die Wasserspaltung bzw. die Stromgewinnung ablaufen«, erläutert Beyer. Ein solcher Stack besteht aus mehreren hundert aufeinandergestapelten und verschalteten Einzelzellen, in denen die chemische Energiewandlung abläuft. Aufgrund seiner vielen Wiederholelemente bietet es sich an, die Produktion des Stack in eine industrielle Produktion mit großen Stückzahlen zu überführen und dadurch die Kosten substanziell zu senken.

Die Referenzfabrik umfasst Maschinen und Anlagen zur Fertigung der wesentlichen Stack-Komponenten Bipolarplatte (BPP) und Membran-Elektroden-Einheit (MEA). »Das neuartige Konzept ermöglicht, dass die erforderlichen Technologieentwicklungen dezentral jeweils vor Ort erfolgen, so dass eine Umformpresse für BPP in Chemnitz und eine Fertigungsanlage für MEA in Aachen zur Verfügung stehen können. Deren digitale Zwillinge werden zentral in einer gemeinsamen Architektur gesammelt und dort für Verfahrensvergleiche sowie -bewertungen bzw. Prozesskettenbetrachtungen genutzt«, erläutert Beyer. Ziel ist es, einen Baukasten von Technologien zu entwickeln, dessen Einzelkomponenten technologisch und wirtschaftlich bewertet werden können. Somit soll das Investitionsrisiko reduziert und Unternehmen bei der Entwicklung ihres Geschäftsfeldes Wasserstoff unterstützt werden.

Weitere Informationen:

https://www.fraunhofer.de/de/presse/presseinformationen/2022/mai-2022/referenzfa...

16.05.2022 Erster Mobile Payment-Anbieter für nachhaltige Treibstoffe: ryd und H2 MOBILITY starten Kooperation bei Wasserstofftankstellen

München, 16. Mai 2022: ryd, Europas größte B2C Digital Fueling-Plattform, bietet seine Mobile Payment Services in Zukunft auch für Wasserstoffzapfsäulen an – und ist damit der erste Digital Fueling-Anbieter im Segment alternativer, nachhaltiger Treibstoffe.

Nach erster erfolgreicher Pilotphase an ausgewählten Tankstellen laufen aktuell die Vorbereitungen für den Rollout an den rund 100 Wasserstofftankstellen der H2 MOBILITY Deutschland GmbH & Co KG an das ryd pay Netzwerk, vor allem in bevölkerungsreichen Gegenden wie München, Hamburg, Berlin, Stuttgart und dem Ruhrgebiet.

Die Kooperation der beiden Zukunftstechnologien Digital Fueling und Wasserstoff markiert für ryd einen wichtigen Schritt im Bereich Nachhaltigkeit. Wasserstoff stellt eine saubere, emissionsfreie Alternative zu konventionellen Kraftstoffen bei gewohntem Komfort dar – tanken in wenigen Minuten für gewohnte Reichweiten. Schon seit mehreren Jahren unterstützt ryd eFUEL-TODAY, die Informationsplattform rund um synthetische Kraftstoffe. Mit dem Angebot für das digitale Bezahlen von Wasserstoff dehnt Europas größte B2C Digital Fueling-Plattform ab sofort das eigene Portfolio aus.

Mobilität im Wandel: ryd stellt sich dank Kooperation mit H2 MOBILITY breiter auf

Die Kooperation mit H2 MOBILITY bedeutet für ryd zudem eine logische Weiterentwicklung im Sinne der unternehmerischen Nachhaltigkeit. Mobilität wandelt sich stetig, Technologieoffenheit ist damit für Zukunftsfähigkeit entscheidend. Mit seinem offenen Ökosystem rüstet sich ryd für die neuen Entwicklungen der Mobilität. In-App- und In-Car-Payment an Tankstellen mit traditionellen Kraftstoffen stellen dabei einen Baustein im Angebotsmix dar. „Die Vorbereitungen für Wasserstofftanken über In-Car-Payment mit den

Partnern von ryd und H2 MOBILITY laufen ebenfalls auf Hochtouren", so Mitgründer Johannes Martens.

ryd-Gründer Oliver Götz über die Partnerschaft: „Aus Kundensicht ist das Bezahlen des Kraftstoffs, unabhängig von seiner Herkunft, immer nur Mittel zum Zweck. Mit ryd wollen wir das Bezahlen im Auto so einfach wie möglich gestalten. Dieser Gedanke war immer schon technologieoffen und kann an unterschiedliche Kundenbedürfnisse und Rahmenbedingungen angepasst werden."

Robert Schönduwe, Digital Product Manager bei H2 MOBILITY, sagt: „Zusammen mit einem Partner wie ryd können zwei Zukunftstechnologien gemeinsam weiter wachsen. Der Rollout in Deutschland ist nur der Anfang, wir wollen unsere Lösungen europaweit ausbauen."

Über H2 MOBILITY

H2 MOBILITY Deutschland baut und betreibt ein öffentliches Wasserstofftankstellennetz, mit dem H2-Nutzfahrzeuge (z. B. Kleintransporter, Busse, Lkw, Müllsammelfahrzeuge) und H2-Pkw ohne Reichweiteneinschränkung und mit kurzen Tankzeiten elektromobil unterwegs sein können. Damit schafft H2 MOBILITY die Voraussetzungen für saubere, leise und unkomplizierte Wasserstoffmobilität.

Mit dem Markthochlauf der ersten größeren Brennstoffzellen-Nutzfahrzeuge werden bestehende Wasserstofftankstellen kurzfristig erweitert und neue, größere Tankstellen da errichtet, wo eine steigende Nachfrage zu erwarten ist. Mit H2 MOBILITY SERVICES unterstützt das Unternehmen auch Dritte bei Planung, Bau und Betrieb von H2-Tankstellen.

H2 MOBILITY Deutschland ist Initiatorin der WOCHE DES WASSERSTOFFS. Gesellschafter sind Air Liquide, Daimler Truck, Hy24, Hyundai, Linde, OMV, Shell und TotalEnergies. BMW, Honda, Tank&Rast Gruppe, Toyota und Volkswagen sowie die NOW GmbH Nationale Organisation Wasserstoff- und Brennstoffzellentechnologie beraten H2 MOBILITY als assoziierte Partner.

Weitere Informationen: http://www.h2-mobility.de und https://h2.live/

ryd ist ein europaweit agierendes FinTech-Unternehmen im Bereich Mobile Payment mit den Schwerpunkten ryd pay und ryd data.

Mit ryd bezahlt man an der Tankstelle per App oder Infotainmentsystem vom Auto aus. Schnell, komfortabel und sicher. ryd ist ein digitales Ökosystem. Zusätzlich zur ryd app, ermöglicht ryd pay inside die einfache Integration von ryd für Drittanbieter wie Navigationssysteme, Automobilhersteller oder Smartphone-Apps. Schon heute ist ryd das größte europäische B2C Netzwerk für Digital Fueling. Ob Tanken, Laden oder Parken, die offene ryd Plattform wächst und ihr sind keine Grenzen gesetzt.

Finanziell und strategisch unterstützt wird ryd von AXA, bp, Mastercard und Mercedes-Benz, internationale Weltkonzerne aus den ryd Geschäftsbereichen: Mobility, Finance, Energy und Insurance.

2014 in München gegründet, wächst ryd kontinuierlich und ist bereits in Deutschland, Österreich, Schweiz, Belgien, Niederlande, Luxemburg, Portugal und Spanien und Dänemark aktiv und rollt kontinuierlich in weitere europäische Länder aus.

Firmenkontakt

ryd GmbH

Christian Mantler

Blutenburgstraße 18

80636 München

+49 89 4520663-15

press@ryd.one

https://de.ryd.one/

24.05.2022 Forscher der Goethe-Universität entwickeln neue Biobatterie zur Speicherung von Wasserstoff

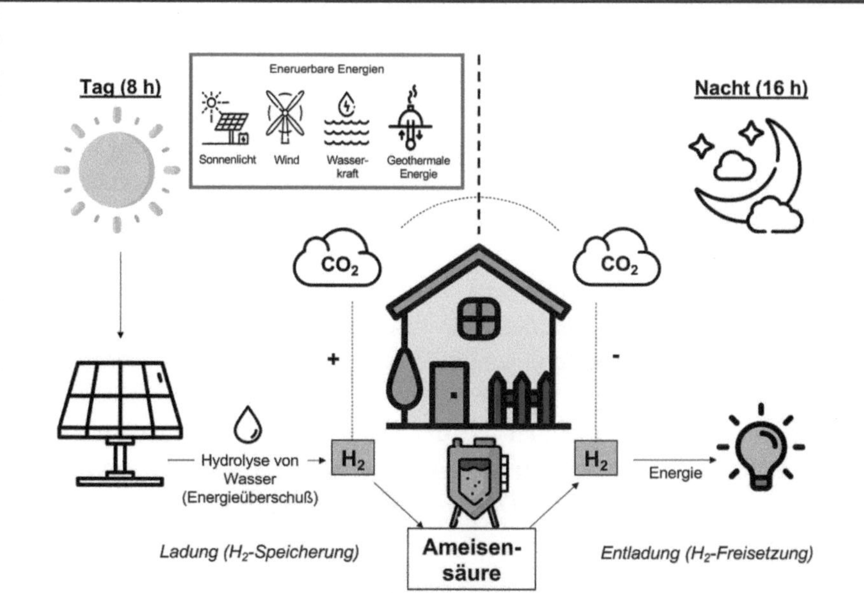

Abbildung 15: Modell einer möglichen bakteriellen Wasserstoffspeicherung: Während des Tages wird mit Hilfe einer Solaranlage Strom erzeugt, der dann die Hydrolyse von Wasser antreibt. Der dadurch erzeugte Wasserstoff wird durch die Bakterien an CO2 gebunden und dadurch Ameisensäure gebildet. Diese Reaktion ist frei reversibel, und die Richtung der Reaktion wird nur durch die Konzentration der Ausgangsstoffe und Endprodukte gesteuert. Während der Nacht sinkt die Wasserstoffkonzentration im Bioreaktor und die Bakterien beginnen, den Wasserstoff aus Ameisensäure wieder freizusetzen. Der freigesetzte Wasserstoff kann dann als Energiequelle genutzt werden. Bild: https://www.uni-frankfurt.de/119545783

Dr. Anke Sauter Public Relations und Kommunikation

Goethe-Universität Frankfurt am Main

Einem Team von Mikrobiologen der Goethe-Universität ist es gelungen, mit Hilfe von Bakterien Wasserstoff kontrolliert zu speichern und wieder abzugeben. Auf der Suche nach CO2-neutralen Energieträgern im Interesse des Klimaschutzes ist dies ein wichtiger Schritt. Das entsprechende Paper ist nun in der renommierten Fachzeitschrift „Joule" erschienen.

Der Kampf gegen den Klimawandel macht die Suche nach CO2-neutralen Energieträgern immer dringlicher. Grüner Wasserstoff, der mit Hilfe von erneuerbaren Energien wie Windkraft oder Solarenergie aus Wasser gewonnen wird, ist einer der Hoffnungsträger. Allerdings sind Transport und Speicherung des hochexplosiven Gases schwierig und weltweit suchen Forschende nach chemischen und biologischen Lösungen. Ein Team von Mikrobiologen der Goethe-Universität haben in Bakterien, die unter Luftabschluss leben, ein Enzym gefunden, das Wasserstoff direkt an CO2 bindet und damit Ameisensäure herstellt. Dieser Prozess ist vollkommen reversibel, eine Grundvoraussetzung für eine Wasserstoffspeicherung. Diese acetogenen Bakterien, die zum Beispiel in der Tiefsee vorkommen, ernähren sich von Kohlendioxid, das sie mithilfe von Wasserstoff zu Ameisensäure verstoffwechseln. Normalerweise ist diese Ameisensäure aber nur ein Zwischenprodukt ihres Stoffwechsels, das weiter zu Essig und Ethanol verdaut wird. Doch das Team um den Leiter der Abteilung Molekulare Mikrobiologie und Bioenergetik Prof. Volker Müller hat die Bakterien so angepasst, dass dieser Prozess nicht nur auf der Stufe der Ameisensäure gestoppt, sondern auch rückabgewickelt werden kann. Das Grundprinzip ist bereits seit 2013 patentiert.

„Die gemessenen Raten der CO2-Reduktion zu Ameisensäure und zurück sind die höchsten je gemessenen und sie sind um ein Vielfaches größer als bei anderen biologischen oder chemischen Katalysatoren; die Bakterien benötigen für die Reaktion auch nicht wie die chemischen Katalysatoren seltene Metalle und keine extremen Bedingungen wie hohe Temperaturen und hohe Drücke, sondern erledigen den Job bei 30 °C und Normaldruck", berichtet Müller. Nun vermeldet die Gruppe einen neuen Erfolg, die Entwicklung einer Biobatterie zur Wasserstoffspeicherung mit Hilfe der genannten Bakterien.

Für eine kommunale oder häusliche Wasserstoffspeicherung ist ein System sinnvoll, bei dem die Bakterien in ein und demselben Bioreaktor zunächst Wasserstoff speichern und dann wieder freisetzen, möglichst stabil über einen langen Zeitraum. Fabian Schwarz, der im Labor von Prof. Müller seine Doktorarbeit zu diesem Thema geschrieben hat, ist die Entwicklung eines solchen Bioreaktors gelungen. Er hat die Bakterien acht Stunden mit Wasserstoff gefüttert und sie dann während einer 16-stündigen Nachtphase auf eine Wasserstoff-Diät gesetzt. Die Bakterien haben den Wasserstoff daraufhin vollständig wieder freigesetzt. Die ungewollte Bildung von Essigsäure konnte durch gentechnische Verfahren eliminiert werden. „Das System lief für mindestens zwei Wochen ausgesprochen stabil" erklärt Fabian Schwarz, der sich freut, dass diese Arbeiten zur Veröffentlichung in „Joule", einem angesehenen Journal für chemische und physikalische Verfahrenstechnik, angenommen wurde. „Dass Biologen in diesem hochkarätigen Journal publizieren, ist eher ungewöhnlich", freut sich Schwarz.

Volker Müller hat sich schon in seiner Doktorarbeit mit den Eigenschaften dieser speziellen Bakterien befasst – und jahrelang Grundlagenforschung dazu betrieben. „Ich habe mich dafür interessiert, wie diese ersten Organismen ihre Lebensvorgänge organisiert haben und wie sie es schaffen, unter Luftabschluss mit einfachen Gasen wie Wasserstoff und Kohlendioxid zu wachsen", erklärt er. Durch den Klimawandel gewann seine Forschung eine neue, anwendungsorientierte Dimension. Die Biologie biete – für viele Ingenieure überraschend – durchaus praktikable Lösungen an.

Wissenschaftliche Ansprechpartner:

Prof. Dr. Volker Müller

Sprecher der Forschergruppe 2251

Abteilung Molekulare Mikrobiologie & Bioenergetik

Institut für Molekulare Biowissenschaften

Goethe-Universität Frankfurt

Tel: +49 (0)69 798-29507

vmueller@bio.uni-frankfurt.de

Originalpublikation:

Fabian M. Schwarz, Florian Oswald, Jimyung Moon, Volker Müller: Biological hydrogen storage and release through multiple cycles of bi-directional hydrogenation of CO2 to formic acid in a single process unit. Joule (2022)

https://doi.org/10.1016/j.joule.2022.04.020

BUCHTIPPS

Abenteuerliche Biografie einer außergewöhnlichen Frau

Mary Seacole, Heroine des Krimkriegs. Autor: Seacole, Mary. In der Hoffnung, bei Ausbruch des Krimkriegs bei der Pflege der Verwundeten helfen zu können, beantragte die in Jamaika geborene Kreolin Mary Seacole beim ...

Abrupte Klimaschwankungen seit 2000 Jahren

Lokale und kosmische Ursachen eines Klimawandels. Herausgeber: Sedlacek, Klaus-Dieter (Hrsg.). Innerhalb der letzten zwei Jahrtausende sind verschiedene abrupte Klimaschwankungen nachweisbar. Der fortwährende Wandel des Klimas verzeichnete allein fünf große Klimaepochen und zahlreiche ...

Ägypten zur Zeit der Pyramidenbauer

Mit 16 Abbildungen im Text und 17 Bildtafeln. Autor: Eduard Meyer , Klaus-Dieter Sedlacek (Hrsg.). Bei keinem Volk der Erde reichen die Denkmäler einer höheren Kultur in so frühe Zeiten hinauf ...

Allgemeine moderne Psychologie

Systematische Einführung in die Wissenschaft psychischer Prozesse. Autor: Messer, August. Man hat mit Recht drei Hauptwurzeln der Psychologie unterschieden: die praktische Menschenkenntnis, den religiösen Seelenglauben und die biologische Lebenserklärung. Psychologie als praktische Menschenkenntnis ...

Alltagsleben im antiken Rom

Ungekürzte Textausgabe der Sittengeschichte Roms Band 1, 2 und 3. Autor: Friedlaender, Ludwig. Die Textfassung dieser Ausgabe beruht auf der von Georg Wissowa besorgten 10. Auflage, die unter dem Titel » Darstellungen ...

Anleitung zum Roman-Schreiben

Wie man anfängt, einen Plot entwickelt und eine gute Geschichte erzählt. Autor: Wilde, Oliver J. Sie wollen einen Roman schreiben? Das ist toll! Aber begnügen Sie sich nicht damit, nur einen Roman ...

Äquivalenz von Information und Energie

Die Grundbausteine der Welt – Neuausgabe – Autor: Sedlacek, Klaus-Dieter. „Es stellt sich letztendlich heraus, dass Information ein wesentlicher Grundbaustein der Welt ist", versicherte der durch sein Quantenteleportationsexperiment bekannte Prof. Zeilinger in ...

Archimedes in Alexandrien

Historische Erzählung. Autor: Colerus, Egmont. Die historische Erzählung handelt davon, wie vor 2200 Jahren der geniale Mathematiker und Mechaniker Archimedes die nach ihm benannte Spirale erfand. Eine ägyptische Muse, zu der er ...

Atemtechnik und -Wissenschaft der Hindi-Yogi

Handbuch der fernöstlichen Atmungsphilosophie einschließlich der spirituellen Entwicklung. Autor: Ramacharaka, Yogi. Viele Autoren haben sich mit den Yogi-Lehren befasst, aber es gibt nur wenige wie der Autor dieses Buchs, die dem westlichen ...

Atlantis

Eine unterhaltsame Einführung in die griechische Mythologie. Autor*innen: Hoernes, Moriz. Die Geschichte beginnt im Mai 187o, als die Regierung eine kleine Expedition zur Erforschung der Insel Anthusa im Ägäischen Meer entsendete. Der ...

Auf den Inseln des ewigen Frühlings

Über die wechselreiche Geschichte Hawaiis. Autor: Berger, Arthur. Auszug aus der Einleitung: Heute liegen uns die glücklichen Inseln nicht mehr allzu fern. Dennoch gibt es nicht sehr viele Deutsche, die sich drüben ...

Auf kühnem Flug zum Mars

Eine kosmische Erzählung. Autor: Valier, Max. MAX VALIER war nicht nur einer der bedeutendsten deutschen Raketenexperimentatoren und -enthusiasten, sondern auch der erste Mensch, der sein Leben der Raketentechnik widmete. Sein Tod im ...

Besseres Gedächtnis

Wie man es stärkt, trainiert und einsetzt. Autor: Atkinson, Wilhelm Walker. Viele Menschen scheinen zu glauben, dass Erinnerungen einfach kommen und nicht gefördert werden können. Aber der Trugschluss einer solchen Vorstellung wird ...

Bewusstsein und Unsterblichkeit

Sechs Vorträge. Autor: Schleich, Carl Ludwig. Schleich gibt in diesem Werk als Erster eine physiologische Darstellung der Vorgänge, welche zu einem Ichgefühl führen. Ihm steht als erfahrener Mediziner das Experiment der Narkose ...

Bleib beweglich und fit ohne Geräte!

Leichte Zimmergymnastik für jedes Alter – mit 45 neuen Fotos. Autor*innen: Schreber, Moritz. Dieses Buch hilft die für die Körperausbildung, Erhaltung der Gesundheit und Beweglichkeit bis ins hohe Alter anerkannt wichtige individualisierte ...

Chronologie der exakten Wissenschaften

4000 Jahre Pionier-Arbeit. Autor: Darmstaedter, Ludwig. Die Chronologie der Exakten Wissenschaften umfasst die Entwicklung der empirischen und systematischen Erforschung der Natur von der Frühgeschichte bis zum Wechsel ins zwanzigste Jahrhundert. Das menschliche Erkennen ...

Das Gesetz im Zufall
und wie der Zufall zu Entdeckungen führt. Autor: Cantor, Moritz. Was ist denn der Zufall? Ist der Eintritt eines Ereignisses Zufall, wenn es genauso gut auch hätte ausbleiben können? Und wenn ein ...

Das individuelle Ich
Über das Selbstbewusstsein. Autor: Lipps, Theodor. Was ist das Wesen meines Selbstbewusstseins und was meine ich, wenn ich „Ich" sage? Was ist der Kern von diesem meinem Ich? Und wie hängt mein ...

Das Konzept des Guten
Untertitel: Sinnliches Empfinden – Der Ursprung unserer Wertvorstellungen. Hrsg.: Sedlacek, Klaus-Dieter (Hrsg.) Das Konzept des Guten wird im sinnlichen Empfinden (sehen, hören, tasten) des Menschen begründet. Der Intellekt ist aber trotzdem ein ...

Das Leben jenseits des Todes
Und die Lehre von der Reinkarnation. Autor: Ramacharaka, Yogi. Das, was wir Tod nennen, ist nur die andere Seite des Lebens. Für entwickelte Esoteriker ist die andere Seite kein unerforschtes Meer, sondern ...

Das Leben von Buddha und seine Lehren
Kompakte Einführung. Autor: Olcott, Henry Steel. Olcotts unermüdlicher Einsatz, seine organisatorischen Fähigkeiten und nicht zuletzt auch seine finanzielle Potenz trugen wesentlich zur Expansion des Buddismus über die ganze Welt bei. Der Buddhismus ...

Das transzendentale Gesicht der Welt
Der Zusammenhang zwischen Physis und Psyche. Autor: Valier, Max. In dem Buch „Das transzendentale Gesicht der Welt" geht es um eine bisher unbekannte Wellengattung, die psychophysische Welle, welche eine Verbindung der physischen ...

Der Alchemist Leonhard Thurneysser
Die Lebensgeschichte des Goldmachers von Berlin. Autor: Sedlacek, Klaus-Dieter (Hrsg.) . Der im Jahr 1531 geborene Leonhard Thurneysser erlernte als Sohn eines Goldschmieds in Basel die Kunst seines Vaters, übernahm aber bald ...

Der allmächtige Informatiker
Das Mysterium des Universums. Autor: Jeans, Sir James. Die englische Ausgabe dieses Buchs mit dem Originaltitel „The Mysterious Universe" ist als populäres Wissenschaftsbuch des britischen Astrophysikers Sir James Jeans zuerst von ...

Der erdgeschichtliche Klimawandel
Den wahren Ursachen von Klimaschwankungen auf der Spur. Autor: Wilhelm Bölsche , Klaus-Dieter Sedlacek (Hrsg.). Der Klimazustand während der letzten Jahrhunderttausende ist im Wesentlichen auf den Einfluss von Sonneneinstrahlung zurückzuführen, die ...

Der geschichtliche Jesus
Was wissen wir von ihm? Autor: Hertlein, Eduard. Vorwort: Mit der gegenwärtigen Veröffentlichung komme ich einem mehrfach geäußerten Wunsch von Hörern eines Vortrags nach, den ich in Stuttgart gehalten habe. Ich möchte indessen ...

Der Mensch der Vorzeit
Die Geschichte des Menschen im Diluvium – kurz und prägnant. Autor: Bölsche, Wilhelm. Höhlenmalereien und Knochenfunde erinnern uns an eine große wahre Geschichte, die zu den anregendsten Abenteuern unserer modernen Kulturwissenschaft gehört: ...

Der Spiritismus
In Neusatz und aktueller Rechtschreibung. Autor: du Prel, Carl. Der Spiritismus ist ohne Zweifel die paradoxeste aller Wissenschaften und er wird es wohl noch lange bleiben. Das liegt offenbar nur daran, dass ...

Der Stein der Weisen
Geschichte der Chemie. Autor: Ostwald, Wilhelm. Der visionäre Nobelpreisträger Wilhelm Ostwald, der den Übergang zur modernen wissenschaftlichen Chemie mitgestaltete, erzählt die aufregende Entwicklung seines Fachbereichs. Das Buch schließt mit einem Text über ...

Der verborgene Mechanismus des Weltgeschehens
Neue Erkenntnisse über die Gestalten biotechnischer Systeme der Welt. Autor: Francé, Raoul H. Seit Jahrtausenden ist die Menschheit bestrebt, die Welt, in der sie lebt, erkennen und verstehen zu lernen. Die Erfahrung ...

Der Weg zu Wohlstand und Reichtum
Goldene Regeln für den Aufbau einer selbstständigen Existenz. Autor: Barnum, P. T. Der Weg zum Reichtum ist, wie einer der Gründerväter der Vereinigten Staaten sagt, „so klar wie der Weg zur Mühle". ...

Die Eroberung von Mexiko durch Ferdinand Cortes
Mit den eigenhändigen Berichten des Feldherrn an Kaiser Karl V. von 1520 und 1522. Autor: Schurig, Arthur. Die spanische Eroberung Mexikos unter Hernán Cortés in den Jahren von 1519 bis 1521 führte ...

Die ersten Spuren psychischer Erscheinungen
Das psychische Leben von Mikroorganismen – Eine Studie in experimenteller Psychologie. Autor: Binet, Alfred. Es gibt mikroskopisch winzige Lebewesen, die kein Gehirn haben und dennoch so etwas wie ein Gedächtnis. Diesen Lebewesen ...

Die geheimnisvolle Kultur der alten Kelten
Von Druiden, Fürstensitzen und der Lebensart unserer frühgeschichtlichen Vorfahren. Autor: Grupp, Georg Die Kelten zeichneten sich aus durch hohes handwerkliches Können, Handelsbeziehungen bis in den Süden Europas und tollkühnem Mut, der den ...

Die Grenze des Unbekannten
Verbindungen zum Jenseits. Autor: Doyle, Arthur Conan. Doyle beschäftigte sich in seinem letzten Lebensabschnitt intensiv mit dem so genannten „Spiritismus". Die Beiträge in diesem Buch beziehen sich auf dieses Thema, und es ...

Die Grundlagen der Nationalökonomie

Über die lebensnahe soziale Marktwirtschaft. Autor: Eucken, Walter. Der Autor Eucken gilt als Vordenker der Sozialen Marktwirtschaft. Sein wohl wichtigstes Werk Grundlagen der Nationalökonomie veröffentlichte Eucken 1939, in dem er folgende Ansichten ...

Die Höhlenkinder – Trilogie

Bd. 1 Im heimlichen Grund, Bd. 2 Im Pfahlbau, Bd. 3 Im Steinhaus Autor: Sonnleitner, Alois Theodor Die dreiteilige Erzählung beginnt nach dem Dreißigjährigen Krieg. Das Waisenkind Eva lebt bei seiner Großmutter, ...

Die Hypnose und die Hypno-Narkose

Für Medizin-Studierende, Praktische und Fachärzte. Autor: Friedländer, Adolf Albrecht. Die Hypnose ist ein auf künstlichem Weg herbeigeführter Schlafzustand. Einen solchen kann man auch durch Medikamente erzeugen. Gelingt es ohne Medikamente, hat das ...

Die idealistischen Grundwerte unserer Kultur

Wahre Menschlichkeit. Autor: Verweyen, Johannes M. Seit den Tagen des Sokrates, der nach einem aristotelischen Wort „die Philosophie vom Himmel auf die Erde" holte, zieht sich bis in die Gegenwart eine Kette ...

Die Kultur der Azteken

Mit einem Anhang Große Landesausstellung Baden-Württemberg „Azteken" im Lindenmuseum. Autor: Prescott, William. „Von dem ganzen ausgedehnten Reich, das einst die Herrschaft Spaniens in der Neuen Welt anerkannte, ist kein Teil an Wichtigkeit ...

Die Lebensbotschaft

Außergewöhnliche Argumente für das Leben danach. Autor: Doyle, Arthur Conan. In der „neuen Offenbarung" wurde die erste Morgendämmerung des kommenden Wandels beschrieben. In deren Botschaft ist die Sonne höher aufgegangen, und man ...

Die Lebenskraft

Wie Enzyme, Bewusstsein und quantenbiologische Effekte das Leben regulieren. Autoren: Sedlacek, Klaus-Dieter; Wrobel, Norbert. Der Begründer der Quantenmechanik und Nobelpreisträger Erwin Schrödinger beschäftigte sich unter anderem mit der Frage: „Was ist Leben?" ...

Die letzten Ursachen

Das Buch der Naturerkenntnis. Hrsg.: Sedlacek, Klaus-Dieter. Die klassischen physikalischen Theorien, zum Beispiel die klassische Mechanik oder die Elektrodynamik, haben eine klare Interpretation. Den Symbolen der Theorie wie Ort, Geschwindigkeit, Kraft beziehungsweise ...

Die Natur psycho-physikalischer Phänomene

Materialisations-Experimente mit M. Franek-Kluski. Autor*innen: Sedlacek, Klaus-Dieter; Schrenck-Notzing, A. Freiherrn von. Die vorliegende Schrift beschäftigt sich mit speziellen physikalischen Phänomenen, nämlich der durch Versuchspersonen verursachten Materialisation von Objekten. Das tatsächliche Vorkommen dieser ...

Die Psychoanalyse des Organischen

Sechs Vorträge und Aufsätze vom Wegbereiter der Psychosomatik. Autor: Georg Groddeck , Klaus-Dieter Sedlacek (Hrsg.) Den publizistischen Anfang zur Psychosomatik machte Georg Groddeck 1917 mit der Broschüre Psychische Bedingtheit und psychoanalytische ...

Die Transzendenz der Realität

Spuren einer allumfassenden transzendenten Realität jenseits von Raum und Zeit. Autor: Klaus-Dieter Sedlacek. Der Nobelpreisträger Max Planck war einer der Pioniere der Quantenphysik und deshalb nicht verdächtig einem esoterischen Weltbild anzuhängen. Er ...

Die Uhren

Ein Abriß der Geschichte der Zeitmessung. Autor: Kindler, P. Fintan. Die Worte der Genesis: „Es wurde Abend und es wurde Morgen, ein Tag", geben uns einen Fingerzeig über das zuerst angewandte Zeitmaß: ...

Die unbekannte Seele

Alltagsrätsel des Seelenlebens. Autor: Driesch, Hans. Es geht in dem Buch um sehr Grundlegendes. Gewiss wird der Leser auch mit Normalem zu tun haben, sogar mit sehr Alltäglichem. Aber das Normale bietet ...

Die Urzeit der Menschheit

Vom ersten Feuer bis zur Pfahlbauzeit. Autor: Neumann, Carl W. Seit Anbeginn seiner Tage war der Mensch keineswegs der stolze Beherrscher der Natur, als den er sich heute mit Recht betrachtet. Er ...

Die verborgene Ordnung des Weltsystems

Neue Erkenntnisse über die schöpferischen Kräfte der Natur. Autor: Francé, Raoul Heinrich. Wie zeigt sich die verborgene Ordnung des Weltsystems? Woher kommt die Erfindungskraft, die den Wohlstand bei uns sichert? Ist sie ...

Die vierte Dimension

Und ihre Anwendungen – Eine Theorie des Überlebensmechanismus. Autor: Carington, Walter Whately. Whately Carrington, ein prominenter Erforscher des Paranormalen aus dem frühen 20. Jahrhundert nimmt sich seltsamer und wunderbarer Themen an und ...

Die Wildnis ruft

Auf Safari in Ostafrika Autor: Heye, Artur Ende April des Jahres 1913 stieg der Autor Heye in Nairobi aus dem Zug der Urgandabahn, der damals zweimal in der Woche von Kisumu am ...

Durchblick Chemie

Praktische Grundlagen und Einführung in die anorganische, organische und Biochemie Klaus-Dieter Sedlacek, Lassar Cohn, Walther Löb Wollen Sie in unserer modernen Welt mitreden? Dann brauchen Sie den Durchblick! Dazu gehören auch Grundkenntnisse ...

Eine unerschrockene Frau reist um die Welt

Drei Bände in Neusatz und neuer Rechtschreibung. Autorin: Pfeiffer, Id. Zu ihrer Weltreise brach Ida Pfeiffer im Mai 1846 auf, über Hamburg gelangte sie nach Rio de Janeiro. In Brasilien entkam sie ...

Einfach logisch denken!

Oder die Gesetze des Denkens. Autor: Atkinson, Wilhelm Walker In diesem Buch werden die Methoden und Prinzipien der korrekten Anwendung des Denkvermögens aufgezeigt, und zwar auf eine einfache und klare Weise, ohne ...

Einsteins Relativitätstheorie ganz ohne Mathematik

Spezielle und allgemeine Relativitätstheorie Paul Kirchberger , Klaus-Dieter Sedlacek (Hrsg.) Man wird nicht selten gefragt, ob man eine Schrift wisse, die in die Einsteinsche Theorie für Laien so einführen könne, dass ...

Emergenz

Strukturen der Selbstorganisation in Natur und Technik. Hrsg.: Sedlacek, Klaus-Dieter. Das Universum erschien bis ins 19. Jahrhundert wie ein ablaufendes mechanisches Uhrwerk. Der Schock kam im frühen 20. Jahrhundert mit dem Aufkommen ...

Epigenetik-Experimente

Neuvererbung oder Beweise für die Vererbung erworbener Eigenschaften? Autor: Kammerer, Paul Der Biologe Paul Kammerer wurde durch seine Aufsehen erregenden Experimente zur Epigenetik berühmt. In einer seiner Versuchsserien verwendete er zwei Arten ...

Erwägungen zur Repräsentativ-Regierungsform

Neuübersetzung und Neusatz in Antiqua. Autor: Mill, John Stuart. Mills Hauptwerk zur politischen Demokratie, Erwägungen zur Repräsentativ-Regierungsform (Considerations on Representative Government), verteidigt zwei Grundprinzipien: die umfassende Beteiligung der Bürger und die aufgeklärte ...

Expeditionen zur Eroberung der Antarktis

Eine dramatische Entdeckungsgeschichte. Autor: Sedlacek, Klaus-Dieter (Hrsg.). Auf dem 6. Internationalen Geographischen Kongress 1895 in London verabschiedete man folgende Resolution: „Dieser Kongress ist der Meinung, dass die Erkundung der Antarktisregionen das größte ...

Feuer und Schwert im Sudan

Meine Kämpfe, Gefangenschaft und Flucht. Autor: Slatin Pascha, Rudolph. Wenn nicht kürzlich über vergleichbare Vorgänge berichtet worden wäre, könnte man sagen, dass die Berichte des damaligen Oberst im ägyptischen Generalstab völlig überholt ...

Freizeitvergnügen Sternenhimmel mit bloßem Auge

Wie man Sternbilder auffindet ohne Instrumente. Autor: Kirchberger, Paul. Der Anblick des gestirnten Himmels ist das Größte, das uns die Natur zu bieten vermag, und kein empfängliches Gemüt kann sich seinem Eindruck ...

Gebundener Wille

Das Problem der Willensfreiheit. Autor: Lipps, Gottlob Friedrich. Auf der Basis der philosophischen Darstellung der Gebundenheit des Willens von Gottlob Friedrich Lipps entwickelt der Autor und Herausgeber eine naturwissenschaftliche Theorie, welche unter ...

Gedanken sind Dinge

Ausgewählte Beiträge aus der Bibliothek des Weißen Kreuzes. Autor: Mulford, Prentice. Der menschliche Gedanke ist ein echtes Element, eine echte Kraft, die wie Elektrizität aus dem Geist eines jeden Mannes oder einer ...

Gefangen zwischen Eisschollen

Die Eroberung der Antarktis und des Südpols. Autor*innen: Sedlacek, Klaus-Dieter (Hrsg.) Dieses Buch erzählt und dokumentiert mit legendären Fotos, wie es unter dramatischen Umständen den Forschern Scott, Amundsen, Shackleton oder Byrd und ...

Geister, die ich gesehen habe

und andere übersinnliche Erfahrungen. Autor: Tweedale, Violet. Das Buch ist zweifacher Natur. Einerseits gibt die Autorin Berichte wieder, die unter anderem von ihren zahlreichen Freunden und Bekannten aus der Oberschicht stammen und ...

Geld vernünftig ausgeben

Über die richtige Art von Sparsamkeit Autor: Marden, Orison Swett Im Inhalt behandelte Punkte: – Wirtschaft ist keine Schikane, sondern das planvolle Handeln zur Befriedigung von Bedürfnissen. – Kapital ist der kleine Unterschied zwischen ...

Geschichte der Magie

Buch 1 bis 7 komplett – Mit den Verfahren, Riten und Myterien. Autor: Lévi, Eliphas. Die „Geschichte der Magie" von Eliphas Lèvi ist eine wunderbare Vorlage für spirituelle Sucher. Es beeinflusste bereits ...

Gestalt-Psychologie

Einführung in die neue Psychologie vom Begründer der Gestaltpsychologie Kurt Koffka , Klaus-Dieter Sedlacek (Hrsg.) Kurt Koffka hat als forschender Psychologe für dieses Buch zur Einführung in die Psychologie einen besonderen ...

Giganten der Physik

Die Top10-Physiker der Menschheitsgeschichte. Hrsg.: Sedlacek, Klaus-Dieter (Hrsg.). Den meisten Menschen sind Schöpfer von Kunst und Literatur vertraut, sie kennen unsere Staatslenker und Wirtschaftsführer, doch wer kennt die Giganten der Physik und ...

Giordano Bruno

Seine Lebensgeschichte. Autor: Riehl, Alois. Giordano Bruno war ein italienischer Priester, Dichter, Philosoph und Astronom. Er wurde durch die Inquisition der

Ketzerei für schuldig befunden und zum Tode verurteilt. Bruno postulierte die ...

Göttinnen der Schönheit

Die elegante Frau vom 18. bis ins 20. Jahrhundert. Autorin: Aretz, Gertrude. Die Kunst und die Lust zu gefallen, anzuziehen und mit besonderer Betonung aller Reize zu verführen, sind in der Geschichte ...

Handbuch Klima und Klima-Änderungen

Allgemeine Klimalehre. Autor: Hann, Dr. Julius. Die Allgemeine Klimalehre erforscht und lehrt die Gesetzmäßigkeiten des Klimas, also des durchschnittlichen Zustandes der Atmosphäre an einem Ort sowie der darin wirksamen Prozesse. Klimatologische Erkenntnisse ...

Homöopathie und Praxis

Naturheilkundliche alternative Medizin für den mündigen Patienten. Autor: Voorhoeve, Jacob. Der Zweck des Buches ist es, den Leser mit der homöopathischen Heilweise näher bekannt zu machen. Unter Wahrung des wissenschaftlichen Charakters gibt ...

Im Banne der Südsee

Als Frau allein unter Menschenfressern, Sträflingen und Matrosen. Autorin: Karlin, Alma M. Die Journalistin Alma Maximiliane Karlin wurde vor allem bekannt durch ihre kurz nach dem Ersten Weltkrieg unternommene mehrjährige Weltreise und ...

Im dunkelsten Afrika

Die legendäre Emin-Pascha Expedition. Autor: Stanley, Henry M. Im Sudan, der ab 1821 unter die Herrschaft der osmanischen Vizekönige von Ägypten gekommen war, brach 1881 der Mahdiaufstand aus. Nach dem Abzug der ...

Immortal Consciousness

Space-time Phenomena Evidence And Visions. Author: Sedlacek, Klaus-Dieter. Thirty-five top-class scientists have a vision. They meet in seclusion and want to learn about the immortality of consciousness and the meaning of life. ...

Ist echte Erkenntnis möglich?

Einführung in die Erkenntnistheorie. Autor: Becher, Erich. Die Erkenntnistheorie ist als besonderes Gebiet der Philosophie die philosophische Grundwissenschaft, die aller Spekulation und aller Wissenschaft vorangehen muss. Diese Einführung hilft dabei, echte Erkenntnis ...

Jenseits der Erscheinungen

Erkennbarkeit und Realität der Quantennatur. Autor: Schlick, Moritz. Es ist kein Zweifel, dass echte Erkenntnis der transzendenten Welt sehr wohl möglich ist. Die Wendung, zu der die Physik der letzten Jahre bzw. Jahrzehnte ...

Ketzer

Warum ich nichts für Ketzerei übrig habe. Autor: Chesterton, Gilbert K. „Ketzer" ist eine Sammlung von 20 Beiträgen von G. K. Chesterton. Während die Kapitel von „Ketzer" sich auf bekannte Persönlichkeiten beziehen, ...

Kleines Wörterbuch der Natur-Philosophie

1200 Begriffe, die man kennen sollte, kurz und prägnant. Herausgeber: Sedlacek, Klaus-Dieter. „Ein neues Wörterbuch der Natur-Philosophie? Wozu soll das gut sein? Schließlich gibt es doch ein riesiges, umfangreiches Internetlexikon in aller ...

Kometenfurcht

Komet und Weltuntergang: Die Gefahr aus dem All. Autor: Bölsche, Wilhel. Als 2006 der erdbahnkreuzende Komet 73P/Schwassmann-Wachmann 3 in einige Stücke zerbrach, war dies der Bild-Zeitung einen schaurigen Bericht unter dem Titel ...

Kompakte Einführung in die Erkenntnistheorie

Das Wesen der Wahrheit. Autor: Becher, Erich. Die Frage nach der Wahrheit und ihrer Sicherung liegt dem nach Erkenntnis strebenden Menschen besonders am Herzen, und so suchte man, wenn man nach Ursprüngen, ...

Kultur erleben mit dem Wohnmobil in Frankreich

Vierzig kulturelle Highlights, Park- und Übernachtungsplätze sowie Navigations-Koordinaten Klaus-Dieter Sedlacek (Hrsg.) Dieser Wohnmobilführer ist anders. Er hilft uns, Kulturerlebnisse zu einem Genuss werden zu lassen. Er enthält die Beschreibung von vierzig kulturellen ...

Kulturgeschichte Afrikas

Mit 164 Bildtafeln und 181 Figuren im Text. Autor: Frobenius, Leo. Mit gigantischer und wachsender Macht, in bisher ungeahnter Großartigkeit erscheint das Gebäude der afrikanischen Kulturgeschichte demjenigen, der näher hinschaut. Noch hält ...

Lad, geliebter Hund

Die Abenteuer des Collie Lad. Autor: Terhune, Albert Payson. Der Roman besteht aus zwölf Hunde-Abenteuern, die auf dem Leben des von Terhunes Rough Collie Lad basieren, der in seinem wirklichen Leben existierte. Die ...

Leben aus Quantenstaub

Elementare Information und reiner Zufall im Nichts als Bausteine einer 4-dimensionalen Quanten-Welt. Autoren: Wrobel, Norbert; Sedlacek, Klaus-Dieter. Obwohl bereits vor mehr als hundert Jahren die Quantenphysik Gestalt annahm, setzte sich im Menschenbild ...

Leben in der Warmzeit der Erde

Aus den Urtagen vor dem heutigen Klimawandel Wilhelm Bölsche , Klaus-Dieter Sedlacek (Hrsg.) Der Weltklimarat schlägt Alarm. Die Lage spitzt sich zu: Die Erde erwärmt sich immer mehr. In diesem Buch geht ...

Leben nach dem Leben

Die Befreiung des Bewusstseins von den Fesseln der Zeit Klaus-Dieter Sedlacek Für uns Menschen hat die Frage nach dem zeitlichen Ende unserer Existenz eine hohe Bedeutung. Die Antwort, die der Glaube sucht, ...

<u>Leben wir in einer Simulation?</u>

Über die Gründe unseres Glaubens an die Realität der Außenwelt Autor: Eduard Zeller Wenn wir in einer Computersimulation leben würden, dann simuliert der Computer eine Virtuelle Realität, einschließlich passender Antworten auf den ...

<u>Leonardo da Vinci</u>

Seine naturwissenschaftlichen Studien und genialen Erfindungen Hermann Grothe , Klaus-Dieter Sedlacek (Hrsg.) Leonardo da Vinci versuchte, ein Phänomen zu verstehen, indem er es genau beobachtete und bis ins kleinste Detail beschrieb ...

<u>Liebesbeziehungen und deren Störungen</u>

Lebensführung nach den Grundsätzen der Individualpsychologie. Autor: Alfred Adler , Klaus-Dieter Sedlacek (Hrsg.). Um einen Menschen ganz kennenzulernen, ist es notwendig, ihn auch in seinen Liebesbeziehungen zu verstehen ... Wir müssen ...

<u>Losgesagt von Rom</u>

Handeln und Empfinden einer verschworenen Gemeinschaft. Autor: Ohorn, Anton. Die Aufstellung des Dogmas der päpstlichen Unfehlbarkeit in Rom war ein Ereignis, welches die Gemüter der ganzen gebildeten Welt bewegte und die Herzen ...

<u>Marco Polo</u>

In zwei Welten Bd. 1 und Bd. 2 Autor: Colerus, Egmont Mit seinem zweibändigen Marco-Polo-Roman In Zwei Welten gelang Colerus der große Wurf. Es ist stilistisch eines seiner reifsten Werke. Der geschichtliche Marco ...

<u>Massenpsychologie am Beispiel Jan Bockelsons</u>

Geschichte eines Massenwahns mit einer Einführung von Sigmund Freud Friedrich Reck-Malleczewen , Klaus-Dieter Sedlacek (Hrsg.) Der Begriff Massenhysterie oder auch Massenwahn bezeichnet eine starke emotionale Erregung in großen Menschenmengen. Auch massenhaft ...

<u>Mathe ganz einfach</u>

Elementare Arithmetik und Algebra. Autor: Schubert, Hermann. Der vorliegende Band „Mathe ganz einfach" enthält die elementare Arithmetik und Algebra in ihren Grundzügen mit Einschluss der quadratischen Gleichungen und der Rechnungsarten dritter Stufe. ...

<u>Mein Leben im Tropenparadies</u>

Fünfundzwanzig Jahre in Ceylon – Erlebnisse und Abenteuer. Autor: Hagenbeck, John. Ein Mann des praktischen Lebens und ein Mann der Feder haben sich zusammengetan, um gemeinschaftlich in diesem Buch die Naturwunder und ...

<u>Meine erste Weltumseglung</u>

Tagebuch einer epochalen Expedition James Cook , Klaus-Dieter Sedlacek (Hrsg.) James Cook unternahm seine erste Weltumseglung im Rahmen einer wissenschaftlichen Expedition, um den Durchgang des Planeten Venus vor der Sonnenscheibe – ...

<u>Memoiren der Comtesse Du Barry</u>

Mit minutiösen Details über ihre gesamte Karriere als Favoritin von Louis XV. Autor: Lamothe-Langon, Etienne Leon. Die Bürgerliche Jeanne Bécu (1743 – 1793), arbeitete unter dem Namen Mademoiselle Lange zunächst im Etablissement ...

<u>Mit der Beagle um die Welt</u>

Bericht meiner Forschungsreise zum Galapagos-Archipel Charles Darwin , Klaus-Dieter Sedlacek (Hrsg.) Auszug aus Darwins Reisebericht: Ich habe die Reise mit zu tief empfundenem Entzücken gemacht, als dass ich nicht jedem Naturforscher empfehlen ...

<u>Moderne Magie</u>

Überlieferungen und Berichte unerklärlicher Phänomene weltweit. Autor: Schele De Vere, Maximilian. Das Buch „Moderne Magie" enthält eine Fülle von Berichten sowie eine umfangreichen Bibliographie der Überlieferungen und Berichte unerklärlicher Phänomene weltweit. Es ...

<u>Mythen und Legenden der griechischen und römischen Antike</u>

Ein Handbuch der Mythologie. Autor: Berens, E.M. „Es ist kaum nötig, auf die Bedeutung der Kenntnis der Mythologie einzugehen: unsere Gedichte, unsere Romane und sogar unsere Tageszeitungen wimmeln von klassischen Anspielungen; noch ...

<u>Naturphilosophie</u>

und Naturwissenschaft. Autoren: Sedlacek, Klaus-Dieter; Schlick, Moritz. Es die Aufgabe der Naturphilosophie, für das Gebiet der naturwissenschaftlichen Erkenntnis einen wesentlichen Beitrag zu leisten. Es sind jene Fragen, die auf die Klärung oberster ...

<u>Naturphilosophie und Naturwissenschaft</u>

Das Wesen der Naturgesetze. Autor: Schlick, Moritz. Die Naturphilosophie verhält sich zur Naturwissenschaft wie die Philosophie im Allgemeinen zur Wissenschaft überhaupt. So ist es die Aufgabe der Naturphilosophie, für das Gebiet der ...

<u>Neue praktische Menschenkenntnis</u>

Menschen richtig behandeln Autor: Verweyen, Johannes Maria Wer ist dieser Einzelmensch? Welches sind die Grundzüge seines seelischen und geistigen Wesens, seine Anlagen, Begabungen und Neigungen, seine Bestrebungen im positiven und negativen Sinne, ...

<u>Optische Täuschungen</u>

... und Illusionen, sowie ihre Ursachen. Autor: Reuss, August von . Optische Täuschungen bzw. Illusionen können nahezu alle Aspekte des Sehens betreffen. Es gibt Illusionen aller Art, Lichtblitze, Farbreize, Tiefenillusionen, geometrische Illusionen, ...

Peking – Paris im Automobil

Die legendäre 16.000 km – Rallye 1907. Autor: Barzini, Luigi. „Gibt es jemanden, der diesen Sommer eine Fahrt per Automobil von Peking nach Paris unternehmen wird?", fragte die Pariser Zeitung Le Matin ...

Persönliche Anziehungskraft und psychische Beeinflussung

15 Lektionen zum Thema Gedankenkraft, Konzentration und Willenskraft. Autor: Atkinson, William Walker. Das, was wir als persönlicher Anziehungskraft bezeichnen, ist der subtile Strom von Gedankenwellen oder Gedankenschwingungen, die vom menschlichen Geist ausgestrahlt ...

Persönlichkeit und Unsterblichkeit

In welcher Form existiert ein Weiterleben nach dem zeitlichen Ende? Autor*innen: Ostwald, Wilhelm. Das hier veröffentlichte Buch ist die deutsche Übersetzung eines Vortrages, den der Nobelpreisträger Wilhelm Ostwald an der Harvard-Universität in ...

Phänomen Naturgesetze

Das Geheimnis hinter den Erscheinungen der Welt. Autor: Sedlacek, Klaus-Dieter (Hrsg.). Was uns an den beinahe mythischen Denkern der antiken Welt so fasziniert, ist die wundervolle, abgeschlossene Einheit ihres Weltbildes. Mit welcher ...

Plötzlich gesund

Medizinische Wunder und was dahinter steckt. Autor: Liek, Erwin. Man schätzt die Zahl der Menschen, die der Schulmedizin kein Vertrauen schenken, auf immerhin 50 Prozent. Wie kann es sein, daß Kurpfuscher immer wieder ...

Praktische Agitation

Prinzipien politischen Handelns. Autor: Chapman, John Jay. Die Fäden der Vorurteile und der Leidenschaft, die die Menschen miteinander verbinden, pulsieren mit Leben. All diese Mitbürger sind menschliche Wesen, und es gibt keinen ...

Praktisches Gedankenlesen

Ein Kurs mit praktischer Unterweisung zur Gedankenübertragung. Autor: William Walker, Atkinson. Fast jeder hat in seinem Leben schon einmal Erfahrungen mit Gedankenlesen oder Gedankenübertragung gemacht. Fast jeder hat die Erfahrung gemacht, dass ...

Psychologische Verkaufskunst

Denk- und Handlungsweisen, Vorgangsweise und Abschluss. Autor: Atkinson, Wilhelm Walker. In der Psychologie der Verkaufskunst gibt es zwei wichtige Elemente, nämlich (1) Die Psyche des Verkäufers; und (2) die Psyche des Käufers. Das zu verkaufende ...

Quantenbewusstsein

Natürliche Grundlagen einer Theorie des evolutiven Quantenbewusstseins. Autoren: Wrobel, Norbert; Sedlacek, Klaus-Dieter. Seltsam sind die physikalischen Gesetze, die unsere Welt wirklich beherrschen: Es sind die Gesetze einer makroskopischen Quantenwelt, in der alles ...

Quantentheorie

Eine kurze und prägnante Einführung. Autor: Kirchberger, Dr. Paul. Form und Inhalt des vorliegenden Bändchens bestimmen sich dadurch, das es eine in sich abgerundete und verständliche Darstellung seines Gegenstandes sein will. Von ...

Real Life After Life

The liberation of consciousness from the shackles of time. Autor: Sedlacek, Klaus-Dieter. For us humans the question of the temporal end of our existence is of great importance. The answer that faith ...

So aktivierst du unbekannte Gedankenkräfte

Geistige Lebensgesetze und seelische Welten. Autor: Peters, Emil. Nur wer seinen Gedanken gebieten kann, gebietet auch dem äußeren Leben. Denn unsere Gedanken sind unser Leben. So wird der planvoll Denkende überall der Überlegene ...

Sree Krishna, der Herr der Liebe

Der Hinduismus von einem Guru erklärt. Autor: Premanand Bharati, Baba. Wie kommt es, dass jeder Mann, jede Frau und jedes Kind jede Minute auf der Suche nach dem einen oder anderen Glück ...

Strahlende Kräfte durch positives Denken

Wege zum Glück. Autor*innen: Peters, Emil. Aus dem Inhalt: – Die Macht deiner Gedanken – Die Heilkraft der Seele und des Willens – Von den geistigen Verbindungen der Menschen – Beherrsche dein Leben und dein Schicksal – ...

Supervereinigung

Wie aus nichts alles entsteht. Ansatz einer großen einheitlichen Feldtheorie. – Neuausgabe -. Autor: Sedlacek, Klaus-Dieter. Unter Physikern herrscht allgemein Übereinstimmung darin, dass die fundamentale Wirklichkeit unserer Welt aus Feldern besteht. Bei ...

Technik in der Antike

Die erstaunlichsten Errungenschaften der antiken Technik. Autor: Diels, Hermann. Die antiken Mechaniker hatten erfolgreich die Grundlagen einer neuen Wissenschaft gelegt, die erst in der Neuzeit übertroffen wurde. Weniges war allerdings neu: Hebel ...

The great god Pan / Der große Gott Pan – zweisprachig

Horror story English – German / Horror Geschichte Englisch – Deutsch. Autor: Machen, Arthur. The Great God Pan is a horror and fantasy novel by the Welsh writer Arthur Machen. Machen was ...

The nature of the physical world

The Gifford Lectures 1927 Sir Arthur Eddington , Klaus-Dieter Sedlacek (Hrsg.) In these lectures the author Eddington discusses some of the results of modern study of the physical world which give ...

The Philosophy of Physical Science
TARNER LECTURES 1938 – CAMBRIDGE Sir Arthur Eddington , Klaus-Dieter Sedlacek (Hrsg.) It is often said that there is no „philosophy of science", but only the philosophies of certain scientists. But ...

Treibhauseffekt und Klimawandel
Energiewende, ja bitte, aber nicht wegen CO2. Von Sedlacek, Klaus-Dieter (Hrsg.) Dieses Buch dokumentiert zum Thema Klimawandel und CO2 teils unbequeme wissenschaftliche Fakten bzw. Meldungen und die dazugehörigen Quellen. Sie sind eingeladen, ...

Über die Freiheit
Neuübersetzung und Neusatz in Antiqua. Autor: Mill, John Stuart. Mill vertrat die Ansicht, dass der Einzelne frei sein sollte, das zu tun, was er will, solange er anderen keinen Schaden zufügt. Er ...

Über die Gewissheit von Vorhersagen
Wahrscheinlichkeiten abschätzen. Autor*innen: Sedlacek, Klaus-Dieter (Hrsg.) Dieses Buch hilft, Wahrscheinlichkeiten besser beurteilen zu können. Zum Inhalt: – Wie einfache Überlegungen zu den Grundprinzipien von Vorhersagen führen – Die Klassenlotterie – Die Grundlage der Lebensversicherung – Können ...

Über Menschenaffen, Tierseele und Menschenseele
und Früchte vom Baum der Erkenntnis Autor: Bölsche, Wilhelm Wir sind dem wahren Geheimnis der Menschwerdung noch nie so nahe gewesen, als der Psychologe Wolfgang Köhler in dem kleinen Schimpansenparadies von Teneriffa ...

Unsterbliches Bewusstsein
Raumzeit-Phänomene, Beweise und Visionen – Taschenbuchausgabe Klaus-Dieter Sedlacek In diesem Buch geht es weder um Glauben noch um Esoterik, sondern um Beweise. Glaubwürdige, wissenschaftliche Beweise, die in eine Form gepackt sind, dass ...

Vereinbarkeit von Religion und Naturwissenschaft
Lösung des Zwiespalts zwischen Wissen und Glauben. Autor: Laßwitz, Kurd. Religion ist offensichtlich das Gefühl des Vertrauens auf eine unendliche Macht. Dagegen ist die Natur nicht ein Gefühl, sondern eine Realität. Diese ...

Vom Einmaleins zum Integral
Mathematik für Jedermann. Autor: Colerus, Egmont Colerus nimmt die dankenswerte, aber auch schwierige Aufgabe auf sich, Freunde und Feinde der Mathematik zu versöhnen. Es gibt eine große Anzahl Menschen, die sich konstitutionell ...

Vom Jenseits der Seele
Die Geheimwissenschaften in kritischer Betrachtung. Autor: Dessoir, Max. „Es mag der ... Psychologie unendlich schwer fallen, in Gebiete sich zu dehnen, die verständlich werden nur vom Standpunkt eines wirklichen Transzendent-Seelischen, eines von ...

Von Pythagoras bis Hilbert
Geschichte der Mathematik für jedermann. Autor: Colerus, Egmont. Colerus ist der berufene Autor, der die Epochen der Mathematik darzustellen vermag. Nur er hat die Gabe, wissenschaftliche Dinge so darzustellen, dass sie jedermann ...

Wahrscheinlichkeitsrechnung
Autor: Markoff, A. A. In diesem Buch entwickelt der Autor die Wahrscheinlichkeitsrechnung als eine mathematische Disziplin, ohne sich mit ausführlicher Betrachtung ihrer mehr oder weniger wichtigen Anwendungen zu befassen. Ohne lange Erwägungen ...

Warum wir lachen
Essays über die Bedeutung des Komischen. Autor: Bergson, Henri. In diesem großartigen philosophischen Essay, der zu Beginn des 20. Jahrhunderts geschrieben wurde, stellt Henri Bergson die Frage, warum die Menschen lachen und ...

Was sind Wirklichkeiten?
Aufgedeckte Naturgeheimnisse. Autor: Laßwitz, Kurd. In diesem Buch nimmt der Autor Stellung zu Fragen folgender Art: Lässt uns die Natur in ihre Werkstatt blicken? Wie hängen Bewusstsein und Natur zusammen? Was ist ...

Wege zum Glück
... durch die Macht der Gedanken. Autor: Peters, Emil. „Lass nur solche Gedanken in dich einströmen, die dein Leben und dein Wesen edler, reicher und schöner machen! " Dies ist einer der Merksätze, ...

Wege zur Physikalischen Erkenntnis
Meine wissenschaftliche Selbstbiographie, Reden und Vorträge Max Planck , Klaus-Dieter Sedlacek (Hrsg.) Diese erweiterte Neuauflage des Buchs „Wege zur physikalischen Erkenntnis" enthält neben der wissenschaftlichen Selbstbiographie folgende Vorträge: Die Einheit des physikalischen ...

Wie der Zufall zu Entdeckungen führt
Das Gesetz im Zufall. Autor: Cantor, Moritz. Zufall wurde es Jahrhunderte lang genannt, wenn der Wind von Süd nach Südwest, von Nord nach Nordost umzuschlagen pflegte und nicht etwa die entgegengesetzte Veränderung ...

Wie die Alchemie zur Chemie wurde
Geschichte der Chemie. Autor: Ostwald, Wilhelm. Einführend berichtet Justus Liebig, wie die voller Geheimnisse steckende Alchemie die Grundlagen der heutigen Chemie geschaffen hat. Der visionäre Nobelpreisträger Wilhelm Ostwald, der den Übergang zur ...

Wie Ehrgeiz zum Erfolg führt
und zu einem höheren Ziel im Leben. Autor: Marden, Orison Swett. Was immer uns im Leben begegnet, erschaffen wir zuerst in unserer Mentalität. So wie das Gebäude in all seinen Details im ...

<u>Wie intelligent sind Pflanzen?</u>

Sensationelle Einblicke in die geheime Seite des pflanzlichen Wesens Autoren: Wagner, Adolf; Sedlacek, Klaus-Dieter In diesem Buch behandeln die Autoren Fragen zum Thema Intelligenz und Bewusstsein bei Pflanzen und geben Antworten. Der ...

<u>Wie man seinen 24Std-Tag organisiert</u>

und mehr Zeit gewinnt für das wirkliche Leben. Autor: Bennett, Arnold. Nach Ansicht des Autors Arnold Bennnett besteht das Leben der meisten Angestellten darin, nur für ihren Lebensunterhalt zu arbeiten, aber er ...

<u>Wie man seinen Verstand benutzt</u>

Und seine Willenskraft stärkt. Ein praktisches Handbuch der Psychologie. Autor: Atkinson, Wilhelm Walker. Der Mechanismus der psychischen Zustände – die geistige Maschinerie, mit deren Hilfe wir fühlen, denken und wollen – ...

<u>Wissenschaftliche Parapsychologie</u>

Autor: Driesch, Hans. Mit den »mystischen«, »irrationalen« Neigungen hat die Parapsychologie gar nichts zu tun. Sie ist Wissenschaft, ganz ebenso, wie Chemie und Geologie Wissenschaften sind. Unmittelbar »schauen« tut sie gar ...

<u>Zahlentheorie</u>

Autor: Hensel, Kurt. Als die Aufgabe der elementaren Zahlentheorie kann die Aufsuchung der Beziehungen bezeichnet werden, welche zwischen allen rationalen ganzen oder gebrochenen Zahlen m einerseits und einer beliebig angenommenen festen ...

<u>Zeichnen für Einsteiger</u>

Achtzehn Lektionen in naturalistischem Zeichnen. Autor: Furniss, Dorothy. Magst du die Malerei? Ist Zeichnen für dich interessant? Hast du einen Bleistift, eine Schachtel Kreide oder einen Malkasten? Denn wenn du auch nur ...

<u>Zeit und Willensfreiheit</u>

Die unmittelbaren Gegebenheiten des Bewusstseins. Autor: Bergson, Henri. Zeit und Willensfreiheit: Ein Essay über die unmittelbaren Gegebenheiten des Bewusstseins (französisch: Essai sur les données immédiates de la conscience) ist Henri Bergsons Doktorarbeit, ...

https://Leseproben.net oder https://ToppBook.de